新文京開發出版股份有限公司

NEW WCDP

新世紀・新視野・新文京 ─ 精選教科書・考試用書・專業參考書

U0148072

New Wun Ching Developmental Publishing Co., Ltd.

New Age · New Choice · The Best Selected Educational Publications — NEW WCDP

專業考照叢書

船舶保全人員

謝忠良・張在欣・陳安國・劉達生 ◎ 編著

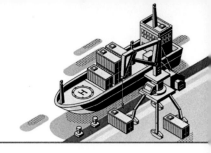

　　船舶安全是每個在國際水域航行的航運公司最關心的問題之一。雖然目前船上有先進的船舶保全系統，如船舶安全警示系統(SSAS)和船舶安全報告系統(SSRS)來加強海上安全，對於船舶的安全無疑是多了一層保障，以直接應證船員對船舶安全的貢獻起著非常重要的作用。

　　船舶保全官(SSO)的主要職責包括實施和維護船舶安全計畫，同時與公司保全官(CSO)和港口設施保全官(PFCO)須保持密切合作關係，根據 ISPS Code 規定，每艘船都必須有一名船舶保全官員，其主要職責如下：

1. 實施和維護船舶安全計畫(SSP) 。

2. 定期進行安全檢查，以確保採取適當的安全措施。

3. 如果需要，可以更改船舶安全計畫。

4. 通過考慮船舶的各個方面，提出對船舶安全計畫的修改。

5. 船舶安全評估說明。

6. 確保船員經過適當培訓，以保持較高的船舶安全水準。

7. 提高船上的安全意識和警惕性。

8. 通過訓練方式提高船舶的安全性並指導船員落實執行。

9. 向公司和船長報告所有安全事件。

10. 在修訂船舶保全計畫時，考慮公司保全人員及港口設施保全人員的意見及建議。

11. 說明公司保全官(CSO)履行職責。

12. 考慮貨物處理與船舶物料等相關的各種安全措施。

13. 登船人員和港口當局以最高安全等級執行所有船舶操作。

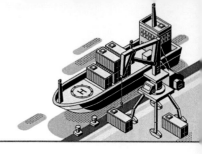

　　船舶保全官的職責可能會根據船舶的類型和情況而增加或減少。但是主要仍與上述相同。隨著海盜襲擊次數的增加，海上安全的重要性大大受到重視，許多公司提供特殊的海上安全服務，以確保船舶和港口安全，但是需要注意的是，大多數與船舶安全相關的問題，可以通過制定健全的船舶安全計畫來避免。

目 錄／CONTENTS

CHAPTER **01**

船舶保全威脅與模式

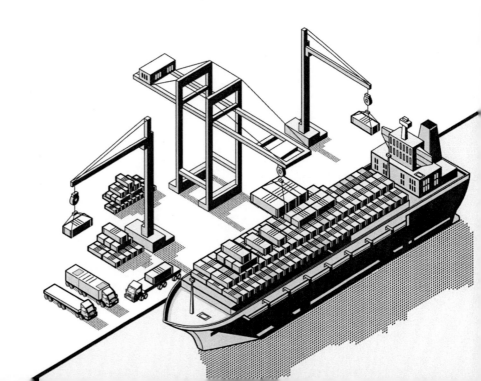

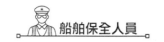

　　對於海上航行之船舶，最有可能遭遇攻擊的方式有下列幾種：第一種是對於郵輪的攻擊，目前郵輪可說是最大型的「海上移動城市」，但是往往都會被人們所忽視，郵輪的航程與飛機的航班表都是公開可查詢到的，攻擊船舶僅需靠一艘快艇及可達到其目的，美軍科爾號驅逐艦(U.S.S. Cole)就是被以這種方式攻擊的；第二種情況是對港口設施或海岸環境造成經濟損害，單就索馬利海盜就可在一年內造成全球經濟約 180 億美元的損失。

　　目前國際上最為人們熟知的恐怖組織有伊斯蘭國(Islamic State)、阿爾蓋達組織(al-Qaeda)，東非的索馬利亞青年黨(al-Shabab)和奈及利亞的博科聖地(Boko Haram)，這些組織如今仍以各種不同的方式在進行恐怖攻擊。海運市場目前占全球國際貿易達 90%以上，同時間在海上從事運輸工作的船員可達 300 萬人，大量的商船裝滿了運往世界各地的貨物，並與各港碼頭設施、貨運轉運站及鐵公路串連起來構成一系列複雜的系統，也成為恐怖分子得以利用之工具。

1-1　海運產業的威脅

　　海上安全是一個普遍的問題，甚至在 911 攻擊事件之前，就已經發生了幾起事件；例如 2000 年 2 月 26 日，腓立比人在搭乘公車期間將炸彈藏於身上，並利用公車在搭渡輪時將其引爆，並造成 45 名乘客死亡，試想如果是發生在船舶上面，其嚴重性可想而知，以下就海事安全問題與航運業之影響進行分析：

一、海運營運成本增加

　　面對油料價格日益飆漲，其燃油費用占航商全部營運成本大約六成，也因此造成負擔加重，所以船公司通常會以船期需求，而儘可能讓船舶以經濟航速來減低油耗，然因為各地海盜興起且猖獗，致使船舶行經海盜區時必須提高主機轉速使之能快速通過，但是礙於船舶用途及設計上的限制（油輪、散裝船），其操控性及船速皆不如貨櫃船，加上船舶滿載時乾舷又低，進而造成海盜或者是武裝搶劫分子覬覦之目標，雖然如今還未有案例能成功登上一艘航速超過 18 節的船舶，再者隨著攻

擊及出沒的範圍擴大，故維持高船速的耗油時間也拉長，相對燃油成本亦隨之提高，進而成為各航商沉重營運支出負擔。

以亞丁灣為例，如果來往於歐亞之間的船舶不走蘇伊士運河，而從非洲最南端的好望角繞行，無形中從歐洲大西洋沿岸各國到印度洋的航程將增加約5,500~8,000 公里，而從地中海各國到印度洋的航程將增加至 8,000~10,000 公里，對黑海沿岸來說，航程更將增加到 1.2 萬公里，航線改變意味著送貨時間將延長12~15 天的航程，以大型船舶一天油耗 200 噸燃油計算，若一噸燃油的平均油價600 美元，繞行一天就要多花 12 萬美元，若是高速貨櫃船舶一天則要再多消耗 100 噸燃油，繞行一天就要比其他船型多花 6 萬美元，且航程將延長一星期。

二、海上保險承保問題

海運是國際貿易運輸的主要方式，而索馬利亞沿海水域又是國際海運最重要的航道之一，海盜事件威脅的是國際貿易運輸中的財產和船上工作人員的人身安全，主要涉及兩類保險；一是出口信用保險，在大部分國家屬於政策性保險，承保貨物因不能如實交付所導致第三者責任保險；另一類是商業保險，一般由「船舶險」、「貨運險」和「船東責任」承保。船舶險是以各類船舶本身為保險標的，保費一般在船舶造價的千分之一，若因海盜劫持而公司選擇棄船的話，將視同為全損，貨運險則針對船上所運輸的各類貨物價值來計價。

索馬利亞海盜的主要行為就是以劫持船舶並扣押船員來勒索贖金，但勒索的金額無一定的標準，且有逐年遞增的趨勢，一般來說從之前幾萬美元到 2,500 萬美元不等，視船舶載運貨物價值而定，因贖金屬於非法給付，按保險公司的原則可以不予理會，但如果最後船公司選擇棄船，屆時保險公司將負擔船舶險的全損及所有船員的人身保險，這些金額總和加起來遠遠高於贖金，所以通常到最後保險公司就成為海盜事件損失的受害者，致使目前有多數保險公司不願意承擔此類的保險，後來國際保險公會發布亞丁灣為戰區，航行經過此海域的船舶必須承保戰爭險的保費，因此船公司要為此增加約 2 萬美元保費支出。

三、貨櫃安全計畫執行

貨櫃安全計畫「CSI」(Container Security Initiative)，是美國海關在 911 恐怖攻擊事件後所提出的構想，主要目的是為防止恐怖分子利用貨櫃載運核、生、化等大量殺傷武器進入美國港口製造恐怖事件，而與各國海關簽定之合作計畫，對輸往美國之貨櫃，於出口港先作安全查驗。

「CSI 查驗」係指依照《關稅法》第 14 條、第 23 條及《海關緝私條例》第 9 條規定，由我國海關對高危險貨櫃（物）實施之非侵入性查驗或開櫃查驗。「非侵入性查驗」(Nonintrusive Inspection, NII)係指以不打開櫃門，使用貨櫃檢查儀掃瞄之查驗方式。

目前全世界 34 個主要港口均已加入這個計畫，臺灣目前所有國際商港皆於 2010 年陸續完成所有設施的建設，各貨櫃碼頭入口及主要港區均安裝好 X 光檢測儀，對所有進出口貨櫃進行檢驗。

四、海關貿易夥伴聯盟

海關貿易夥伴反恐聯盟(Customs Trade Partnership Against Terrorism; C-TPAT)是指海關當局可以和相關海運供應鏈業者進行合作及資源共享平台之關係，包含進口商、運送人、報關行、倉儲業者、海外製造商等建立緊密合作關係，並可共同建立最高水準的安全機制及供應鏈安全管理系統，以防止恐怖活動的滲入。此方案為確保進口商輸入貨物時，能在更安全狀態下快速地處理貨物，對參與本方案的成員而言，其所進口之貨品，運抵美國後隨即在「Green land；綠色通道」快速通關，免於經過海關查驗。

相關業者在參加 C-TPAT 時須向美國海關當局提送包含以下內容的承諾書 (Agreement to Voluntarily Participate in C-TPAT)：

1. 遵守 C-TPAT 的安全準則，針對公司供應鏈安全機制進行相關評鑑。

2. 前項評鑑的項目包含作業流程、實體設備、人員管理、教育訓練、進出口艙單手續、運送安全等相關事項。

3. 向美國海關提出供應鏈安全管理計畫。

4. 遵守 C-TPAT 安全準則，開發提升供應鏈整體安全計畫，並據以貫徹執行。

5. 向其他企業轉達 C-TPAT 的安全準則，並在與該企業的交易關係中，落實 C-TPAT 的安全準則。

　　C-TPAT 於 2001 年 11 月推出至今，要求供應鏈上各個環節的成員，都要參與這個組織，發展至今 C-TPAT 已經擁有 8,800 多家公司加入，其中包括美國進口商，海關事務代理，碼頭營運商，承運商及部分海外製造商，都是全球供應鏈上的主要環節。如圖 1-1 所示。

美國海關成立商貿反恐聯盟
(Customs-Trade Partnership Against Terrorism; C-TPAT)

圖 1-1　美國海關成立商貿反恐聯盟示意圖

圖片來源：自行繪製

　　實施 C-TPAT 所造成之影響有以下幾點：

（一）面臨更嚴格之安全審查

作為美國進口商之商業夥伴，將會面對更高的安全要求及更嚴謹的查驗，藉以促使供應鏈內的商業夥伴均達到 C-TPAT 的安全標準。

（二）貨物安全認證之趨勢

對於非 C-TPAT 成員而言，需面臨市場壓力之競爭，為得到相關單位的認證，而必須另請第三方公證機構來審查安全標準。

（三）供應鏈及採購安全要求

進口商會透過訂單、證書、行為守則、經銷商手冊等，將安全責任加於製造商身上，對於非 C-TPAT 成員來說（例如外地製作商、倉儲經營管理者）將面臨一定的市場壓力，迫使也必須遵循供應鏈之相關安全指引。

（四）貨物追蹤科技之應用

為快速且正確地檢查貨櫃是否符合安全標準，在供應鏈安全及管理上應用追蹤技術（包含條碼、RFID、衛星定位等）已成為目前趨勢。

五、私人武裝保全行業興起

在恐怖主義威脅下，衍生出眾多相關的服務業，其中海上武裝保全的服務也因此而生，因為有些海域的軍事力量無法確實保護到每一艘船舶，航商為求自保於是在通過危險水域時，聘請私人武裝保全人員上船，以避免在遭到海盜攻擊時確保人員、船舶及貨物的安全。

從貨船的武裝保全，以及目前在中東國家的隨身保鑣，一直以來都仰賴歐美國家的私人軍事公司，不過現在大陸市場也有了專門吸收退伍軍人的保全公司，目前已迅速在市場上站穩腳步。

由於國際間認為雇用私人保全能有效強化船舶安全之最有效的方法之一，我國農委會漁業署順應國際趨勢及產業需求，修正《漁業法》允許漁船僱用私人武裝保全人員，以保障從業人員生命財產安全，該《漁業法》修正案於 102 年 8 月 21 日

經總統公布後施行，漁船作業海域範圍含有受海盜或非法武力威脅高風險海域之漁業人，得僱用私人武裝保全人員。

1-2　武器與爆炸裝置之識別

武器是指在暴力衝突中用來增加攻擊效果的工具，大量使用武器的暴力衝突也通常被稱為武裝衝突。武器一般會用來防衛被傷害或攻擊其他人或設施，當被有效利用時一般會遵循「期望效果最大化、附帶傷害最小化」的原則，也因此被用來自衛、威儀和防禦，武器一般是在像狩獵、犯罪、執法、自衛及戰爭下使用，其目的是為了增加上述活動的效率及效能。

爆裂物分為軍用、商用、自行製造及自然四種，軍用爆裂物的威力比較大，爆炸性化學品製作的軍用及商用爆裂物屬於管制物品，自行製造則以身邊所有的可用物品，以一定比例混合而成，需要具有相關知識及訓練才能製作，其威力依混合比例而不同，混合製作過程極度危險，將爆裂物製作方法公布在某些國家是屬於違法的行為。

一、認識武器

（一）定義

武器又稱兵器，通常是在暴力衝突中用來增加攻擊效果的工具，武器一般也可用於個人防衛或有關重要設施之保護，當被有效利用時一般會遵循「期望效果最大化、附帶傷害最小化」的原則，也因此主要被用來自衛、威嚇和防禦。

（二）觀念

任何可造成傷害的事物（甚至可造成心理傷害的）都可稱為武器，只要具有可殺傷性且用於攻擊，武器可以是一杯滾燙的熱水，也可是一枚飛彈，我們日常可見的石頭、磚塊甚至一根掃帚或一支筆，都可以作為武器，但許多武器是特別為攻擊的目的而設計。

（三）種類

1. 防空型武器：針對飛行的導彈和飛行器。

2. 殺傷型武器：目的是要攻擊個人或一群人。

3. 電戰型武器：抑制或癱瘓對方電子信號使其無法接收或失效。

4. 反衛星武器：主要用於攻擊人造衛星。

5. 反艦武器：用於攻擊水上的船艦。

6. 反潛武器：用於攻擊潛水艇等水中目標。

二、武器的識別

（一）槍械

　　恐怖分子為了避開安全檢查，常將槍支武器分解成零部件後分批攜帶。這將增加監測的難度，一般的 X 光機檢查時也很難發現，尤其是微型或迷你型槍支，如「掌心雷」手槍，有的手槍還可能被改裝，方便攜帶又難以發現，在檢查隨身攜帶行李時需特別注意。

（二）刀具

　　犯罪分子通常會將刀具改裝成其他型式以利隱匿攜帶，或者是夾帶於其他物體中。之前曾有案例顯示為達此目的，即將刀其拆開成刀片和刀柄分別攜帶，此時應使用 X 光機掃描或金屬探測器進行檢查。

三、認識爆裂物

（一）定義

　　指有爆發性並且會產生具有破壞力之任何物品，可以瞬間造成人員傷亡或物品器具損毀等。

（二）觀念

過去多以為爆裂物的外型都是鐵殼製品的炸彈為主，而現在的爆裂物多是經過偽裝，或不易被察覺及發現之日常生活用品；如包裹、信件、禮盒、食品或手提箱等。

（三）種類

有信件包裹炸彈、土製炸彈、其他可塑性炸彈等。

（四）引爆

引爆裝置方法很多，可藉壓發、拉發、震動、感應、遙控或其他方式誘使接通電路而引爆電雷管，造成爆炸。

四、爆裂物的識別

爆炸物可能是塑膠炸彈或其他自製爆裂物品，爆裂物可能被隱藏在偽裝袋子、箱子或身上以逃避檢查。帶有電腦分析功能的先進 X 光機掃描器較易檢測出此類隱藏爆炸物，但如使用老式 X 光機掃描器，將更加依靠操作者的技能，操作者需經過專門訓練並具有豐富的經驗。

檢查此類危險物時，首先要通過箱子的外觀和重量差異進行初步判斷，必要時要打開箱子仔細檢查，並應注意箱子是否帶有夾層。如果使用爆炸物探測儀進行探測，將能達到更好的效果。

五、如何發現可疑爆裂物

如發現可疑信件、包裹、紙箱，或有聲響之不明物品，和不確定物主的任何一件普通日常用品，及各種有違常理之遭棄置的有價物品，在心理上都應提高警覺假設它是一件爆裂物。

非熟悉之郵務人員或身分不明人士投寄或送達之信件、包裹、禮品，具有陌生地址、筆跡、怪味或是厚薄、重量不均，有線頭突出、有針孔、破損、油漬、以包裝帶密縛等，有違常理的狀況都應謹慎。

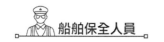

六、發現可疑爆裂物的處理

1. 千萬不要輕易去移動物品或試著去接觸它；如同電影情節上所描述，恐怖分子其出身背景皆有受過特殊訓練，或具有一定專長之電子技術，經常都可以製造出一般處理人員無法破解的引爆裝置，如處理不當即可能瞬間造成重大災害。

2. 如船上有金屬探測器材，可簡單對物品外觀檢查是否有無金屬反應。

3. 立即通報本機關主管單位處理。

4. 如情況許可，應立即撤離現場人員並設置警戒範圍，禁止任何人接近。

5. 了解並清查附近是否有無類似或其他可疑爆裂物。

6. 在專業移除爆裂小組人員抵達前，盡量移開附近易燃、易爆物品，關閉電源總開關。

7. 利用或尋找附近可用之阻絕物體加以隔離，如棉被或輪胎等可以防止爆炸引起之震波及四散飛射之物體。

七、防範爆裂物應採取之措施

1. 依據公司所擬定之船舶保全計畫，於年度內每月各項船舶保全操演項目中實施檢查與演練。

2. 訓練梯口當值人員及船副，養成高度警覺性及具有使用偵檢器材辨識、處理可疑郵件或包裹之能力。

八、爆裂物爆炸後之處理方式

1. 加強現場管制，驅散、隔離圍觀群眾，以維護民眾安全，保全現場以利採證。

2. 調查死傷人數、受傷程度、附近醫院收容情形。

3. 調查爆炸後現場狀況，建築物破壞情形。

4. 送醫途中掌握傷者和死亡者之基本資料（如姓名、年齡和性別等），盡速送醫搶救治療。

5. 確保目擊證人，請其詳述爆炸過程之狀況。

6. 盡量保持現場完整，確實早期之蒐證調查。

1-3　偷渡者、海盜與在船劫持人員

　　海上偷渡通常是指利用船舶作為工具，未經過正常管道之通商口岸入境國內的一種行為模式，船上有偷渡客可能會對船舶營運帶來影響，進而對整個航運業造成嚴重後果。

　　海盜的活動在 2020 年有急劇增加趨勢，根據亞洲地區反海盜及武裝劫船合作協定(ReCAAP)在 7 月初發布的半年度報告，2020 年的前 6 個月，亞洲地區海域記錄了 50 起海盜事件，是去年同期報告（25 件）的兩倍。而這些襲擊中，絕大部分都發生在東南亞海域。

一、偷渡

（一）偷渡客之定義

　　依據 1997 年 IMO 第 A.87(20)號決議案，符合下列兩項條件者，稱之為偷渡客(Stowaway)：

1. 未經船東或船長或其他權責人員同意而潛藏於船上或利用即將裝船之貨物潛入船舶者。

2. 船舶離港後被發現並經由船長向有關機關報告為偷渡客者。

　　偷渡客有別於尋求庇護者及難民，後二者在國際法規及國內法令之規定處理程序上有所不同，偷渡者可分為以下幾類：

1. 難民

　　為了脫離國內情勢動盪、戰爭、政治或是宗教的迫害，通常此類的偷渡者都是一時衝動逃出，未持有證件。

2. 經濟上的移民

　　此類偷渡都是單純地想獲得更高的生活水準而偷渡。

3. 尋求政治庇護者

此類偷渡者通常是試著前往可以提供政治庇護，或者提出經濟移居而不會被遣返的國家，他們通常盡力隱瞞真實身分，或者採用一個不符合的國籍。

4. 非法移民

大多數的非法移民通常並不想讓有關當局知道他們的存在，只希望能不被發現的進入一個國家，偷渡犯通常被遣入港口上岸之國家，依法視為非法入境。

5. 罪犯

此為最後一項偷渡者的類型，但也最令人擔憂的一種，此類偷渡者可能凶暴且不合作，也可能與運送毒品有關，或是進行非法活動。

（二）國際間對於偷渡客處理之指導

有鑒於船上發生偷渡客事件，將對船上的安全構成相當之影響，並且涉及偷渡客遣返或收容之複雜問題，國際間雖認同偷渡客之處理需有賴各國密切合作才能達到一定成效；所以在 1957 年通過了「布魯塞爾偷渡國際公約(The International Convention Relating to Stowaways Brussels,1957)」，但此公約始終未達批准國規定之最低門檻，所以一直未能生效。

1997 年國際海事組織(IMO)第 20 會期，通過了第 A.871(20)號決議案，通過「尋求成功解決偷渡客案件之責任分配指導方針(Guidelines on the Allocation of Responsibilities to Seek the Successful Resolution of Stowaway Cases)」，上述指導方針乃為委員會第 25 會期之建議，IMO 鼓勵各國政府納入國家政策並執行相關指導程序，以有效解決偷渡客問題；決議文中也明確指出，該指導書設立之目的不可成為通融或鼓勵偷渡及非法移民之行為，亦不能減少國際對於打擊人口販賣等行為之決心。

指導方針之內容相關重點摘錄如下：

1. 船岸均有預防責任，倘若不幸發生，船上應於到港前通知。

2. 偷渡客未持有要求文件進入他國乃屬非法入境行為，處理此類情況之決定是為該入境國之特有權力。

3. 尋求庇護之偷渡人員必須依國際法定文件，以及相關國內立法之國際保護原則處理。

4. 適當之搜查可降低案發後處理偷渡客之風險。

5. 偷渡客登輪地之港口國應接受遣返，以便案件審查終結。

6. 各國應盡所有努力，避免偷渡客無限期滯留船上，並協助船東安排適當之遣返國家。

7. 以人道方式處理偷渡客事件，並注意船舶操作安全及偷渡客的權益。

8. 界定船長、船東／營運人以及遣返偷渡客之港口國、偷渡客上船地點之港口國、偷渡客原國籍之港口國以及遣返中之過境國等，在處理偷渡客問題中之權力與責任分配。

9. 船長在處理偷渡客案件之責任。

   (1) 應盡快確定偷渡客登輪港口及其身分與國籍。

   (2) 依本指導書附件格式，製作一份包含所有相關資料之陳述書，並遞交適當權責單位。

   (3) 通報船東、偷渡客登輪地港口國、下一港港口國及船旗國適當權責機關。

   (4) 除非偷渡客之遣返安排已有充分文件並獲允許，或者船舶保全受到威脅，船長不應偏離其預定航程至任何國家尋求偷渡客登岸。

   (5) 依照下一港口之要求，確認偷渡客已交托於適當權責單位。

   (6) 在偷渡客離船前，採取適當措施以確保其安全。

10. 偷渡客若於開航後在船上被發現時，如船舶尚未離開該國領海範圍或停靠該國其他港口的情況下，如果據實的反應與報告，其處理費用通常不由船東負擔，且亦無罰金之產生。

（三）常見之偷渡方式

1. 利用改裝貨櫃中隱藏夾層藏匿。

2. 賄賂港口人員或船務代理進入港區，並伺機由岸側攀爬纜繩上船。

3. 搭乘小船從海側接近船舶，並利用掛鉤或便梯攀爬上船。

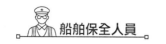

4. 持變造文件或工作證假冒廠商或工作人員上船。

　　偷渡客上船後主要可能藏匿的地點除了貨櫃內及大艙外，大概還有煙囪通道、錨鍊艙、水手長庫房、救生艇、甲板儲物間、理貨間、電瓶間、油漆庫房等。

（四）發現偷渡客後之處置

　　依據「尋求成功解決偷渡客案件之責任分配指導方針」之第九點船長在處理偷渡客案件之責任建議下，應採取以下行動：

1. 查明偷渡客的身分，包括搜身找尋其身分證明文件。

2. 若未能取得所需文件，應將其特徵如膚色、人種、語言、指紋及照片等，將資料傳送至出發地域下一港之港口，以便查證其身分。

3. 上述資料也應儘速提供給船東及下一港代理行、移民局或 P&I 代表等有關單位，請求協助辦理偷渡客在下一港離船或遣返事宜。

4. 船長應作成詳細之報告交給船東及 P&I 代表，內容包括其所採取的行動與航程。

5. 船舶若返回出發港且偷渡客未能離船時，則須立刻再通知下一港之移民局及 P&I 代表等有關單位。

6. 船籍資料亦須通知有關單位，以利安排偷渡客之離船手續。

7. 偷渡客之身分一旦查明，P&I 將配合其相關代表及使館等辦理相關文件以利遣返。

（五）偷渡客對於國家安全的隱憂

　　2021 年 4 月 30 日中國籍 33 歲男子周鮮自稱駕駛橡皮艇，在海上航行十幾個小時，從福建石獅市直航臺灣並在臺中港偷渡上岸，此事件曝光後立即引起國防部與海巡署的重視，並於同年 8 月 9 日於臺中港附近大安海域也傳出岸邊有一艘不明快艇靠泊，船上印有中國簡體字之救生衣、物資與飲用水，卻不見人影，漁民懷疑是偷渡客，臺中警方正與海巡署追查中，但相關監視器並未發現可疑人士，但消息傳開後立即引起附近居民議論。

其中具專業人士知悉，周男所駕駛之橡皮艇及搭配之舷外機在大陸屬軍用規格，但該員宣稱是在掏寶網站上所購買，且身上所有積蓄全部投入購置設備，被警察發現時身上僅剩 100 元人民幣，當被詢問其偷渡動機時，其理由就是嚮往臺灣民主自由的生活，其理由實難讓人接受，不禁讓人懷疑來臺動機。

周姓男子能夠順利穿越臺灣海峽有許多疑點，一來是周姓男子能在福建沿海，大白天扛著 42 公斤的橡皮艇下海，不被大陸嚴密管控的海防發現，又能透過導航在險峻的臺灣海峽中平安通過，並準確發現臺中港火力發電廠燈光順利登陸。可以合理的推斷並非一般平民老百姓，有可能是大陸軍方所派來試探臺灣在疫情期間海岸防守的工作情況，這對臺灣的海岸線安全將形成一大威脅。

二、海盜與在船劫持人員

（一）海盜與在船劫持的定義

海盜或可稱為海賊，是指海上的強盜。指在沿海或海上搶劫其他船隻財產的人，只要是落後貧窮及政局動盪不安的沿海國家就會有海盜出沒，海盜大部分被認定為罪犯，現代的海盜則是受國際公約規範為共同敵人，締約國只要有意願或遭受威脅可無差別攻擊海盜，1958 年《聯合國公海公約》第 15 條定義海盜行為是：

1. 私人船舶或私人航空器之海員、機組成員或乘客為私人目地，對下列對象所從事的任何非法之強暴力(Violence)或扣留(Detention)或任何掠奪行為(Act of Depredation)。

2. 明知船舶或航空器成為海盜船舶或航空器的事實，而自願參加其活動的任何行為。

3. 教唆(Inciting)或故意(Intentionally)於本條第一款所稱之行為。

目前國際海事組織所討論及統計的海上暴力及持械搶劫案件，皆來自上述「海盜行為」與「對船舶之持械搶劫」兩種定義，如此一來，不但定義明確，統計案件的數據也比較令人信服，最重要的是它將目前最為嚴重之持械搶劫列入討論的範圍。

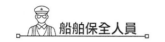

（二）國際對海盜抵制之作為

國際上目前的反海盜措施主要包括「國際法律」和「國際合作」兩個層面，在國際法律方面，主要是以 1982 年的《聯合國海洋法公約》和 1988 年的《制止危及海上航行安全非法行為公約》及其修正案作為反海盜法律之依據；而在國際合作的層面上，聯合國國際海事組織等政府間組織會開展反海盜集體行動，此外海上保險公司等商業組織也會相互合作，打擊海盜。

然而這些現有的國際法體系在東南亞地區作用有限，儘管上述法律將打擊海盜確立為所有締約國的義務，但並未設立任何專門的從事打擊海盜的代理機構或國際組織，因此東南亞國家的海盜問題還是要靠自己解決，但國家之間的合作也是必須的。正如前新加坡總理所言，光依賴單一國家的行動是不足以應對這些威脅的，海洋是不可分割的，海上安全也是沒有邊界的。

1992 年，新加坡和印尼、馬來西亞達成協議，開始展開打擊海盜的聯合行動，三國的代表每年都會招開會議檢討有關航道安全的問題，各自的海軍和警察部隊還建立了交流網絡，並實施聯合巡護任務，共同出海打擊海盜等等。2001 時，新加坡和印尼又還達成新協議，允許對方在自家海域內追捕海盜，擴大船員權利等。

（三）海盜典型攻擊方式

1. 海盜通常使用「母船」（一般是拖網漁船）作為掩護，並攜帶兩艘或多艘航速在 25~30 節左右之小船，並配有步機槍和槍榴彈等武器，對過往商船發動襲擊，他們在鎖定目標後經常從船艉靠近目標，因通常靠近船艉乾舷較低，可使登船困難度減低。

2. 「母船」另外一個用途即為運載人員、設備、補給和小型快艇，使海盜能在離岸更遠的海域發動襲擊。

3. 海盜將他們的小艇緊跟目標船舶，以便時機成熟之後緊貼目標船然後登船，一般海盜會用綁有掛鉤的繩子，或使用輕便型長梯掛住船舶甲板欄杆，海盜成功登船後會直接前往駕駛台，進而控制整艘船舶，一旦控制了駕駛台，海盜會將船舶減速或停船以便讓更多的海盜登船。

4. 海盜襲擊的時間可能發生在黎明時刻，在夜晚時通常也會發動襲擊，但此狀況並不常見。

5. 倘若海盜在使用輕型武器令其減速或停船時無效時，通常會使用 火箭推進榴彈(RPG)來脅迫船長放慢船速或停船，以便讓更多的海盜登船。無論當時情況如何，應盡可能維持船速是非常重要的，並避免使用大舵角轉向以免船速驟減。

（四）進入海盜區前之準備

1. 船上須備有船舶保全計畫，內容須包含防範海盜之行動準據，船員之應急措施準備及相關事故報告程序等。

2. 船員須了解海盜之危害性，如果能及早發現可疑船舶意圖，通常是抵制海盜攻擊之成功關鍵，然而有時若採取攻擊性之行為時，可能會帶來更大危害。

3. 船舶住艙對外區域之任何通道都必須固定並上鎖，使海盜不易進入船舶住艙區域。

4. 在不影響運務及航線規劃許可情況下，應盡量避開海盜常出沒區域，並避免漂航或錨泊。

5. 抵達海盜區前船舶保全官應制定防盜計畫，並依循公司之保全指示加強船員訓練及相關防盜設施之檢查。

6. 船舶若抵達海盜常出沒之國家時，在錨泊或靠港期間應隨時注意人員上下及貨物資料之管制，上船人員之監視與蒐證將有利於減低海盜行為及罪犯動機之產生。

7. 離港前確實執行開航前保全責任區搜索及檢查，並注意船舶重要設施部位的門禁狀況，遇有可疑情形需立即向船舶保全官回報，不可貿然開船。

8. 泊港期間負責船舶保全當值人員應隨時與港口設施當局保持連繫。

9. 當船舶利用無線電發出已知被海盜跟蹤之訊息，並立即用燈光或聲響警示，將有利於嚇阻海盜攻擊行為。

10. 駕駛台增派瞭望以及船艉部署防盜巡邏人員，使用低光度攝影機或者是星光夜視鏡可有助於可疑小型船隻之監控。

11. 保持雷達監控，如發現尾隨、同速及平行航行小船時須保持警覺，一旦目標靠近時，須立即展開防盜部署及準備，以確保人員安全。

12. 經常航行海盜區之船舶，應考慮安裝更有效之防盜裝備，如拒馬或刺絲網、紅外線熱像儀或星光夜視器等，俾能及早在夜間得知攻擊之危險。

13. 海盜區內與指定當局使用遇險及安全頻道保持無線電聯繫，並守值接收強化群體呼叫(EGC)與航行警告電傳之(Navtex)安全信文。

14. 在海上遭受海盜攻擊之報告，應向該海域相關之搜救協調中心聯繫，以有效傳達至適當之保全機構。

15. 所有海盜或恐怖分子事件之最初及後續報告必須以標準格式實施。

16. 在不影響航行安全之條件下，使用最大照明燈光。

17. 當採取保全措施致使船舶安全與保全發生衝突時，必須以安全要求為主，並對船舶保全採取其他預備措施。

18. 可考慮對各層住艙甲板通道或出入口安裝攝影機(CCTV)系統；以掌控船舶各區域狀況。

19. 挾持及脅迫船員常為海盜為求控制船舶經常使用方式，夜間非必要人員勿離開住艙區，在外面當值巡邏人員必須保持聯繫，如遇緊急情況時要明白其撤退路線及兼顧自身安全。

20. 若船舶遭遇攻擊時，在住艙內應規畫集合位置（可為駕駛台或機控室等）；以便人員清點及集體行動。

21. 煙霧或火焰信號僅用於船舶已遭劫持，並遭到嚴重而有急迫之危險需要立即之援助時方可使用，切勿當作反擊武器使用。

（五）海盜劫持船舶之影響

我國遠洋漁船「旭富一號」在 99 年 12 月 25 日在印度洋馬達加斯加東部海域遭遇索馬利亞海盜劫持，在被劫持的 571 天，所有船員被嚴密監視，海盜首領時常以槍械威脅船長，恐嚇其開船協助他們劫持船舶，如果不從就要殺光船員，船長基於保護船員的立場下只能服從命令，在海上徘徊將近一年中，曾經被迫劫持其他國家之商船，也遭遇過美國戰鬥機及軍艦經過，但都無法順利得救。

該船於 100 年 10 月在索國海盜港霍比奧外海擱淺，海盜遂決定將船上 26 名船員移至霍比奧內陸來勒索船公司，在海盜與臺灣船公司的談判期間，所有船員被關入羊圈裡過著生不如死的生活，最終透過地下管道，臺灣船東派遣飛機前往索馬利亞空投贖金二百萬美金以換取所有船員自由，海盜得到贖金後，所有船員才由中國軍艦進行人道救援，送至坦尚尼亞輾轉回國。

船公司表示，旭富一號出海僅差 2 個月滿 3 年，沒想到返程中遭遇海盜，漁船被海盜充當攻擊母船，由於不堪使用最終導致擱淺，總計損失金額超過 1 億元；由於當初保險公司拒絕理賠，公司僅能賣掉其他漁船，並四處借貸籌錢目前已瀕臨破產。

1-4 抵制走私對國家安全之威脅

走私是指違反國家法律、法規並逃避海關的檢查來達到其運輸、攜帶禁止入出境的物品，並從中獲取高額利潤的一種手段及方式，常見之海上違法行為有透過漁船及商船等方式來從事此類行為，其影響層面甚廣，主要包含以下幾個部分：

1. 侵害國家對外管制貿易機制，損害國家主權。

2. 破壞市場經濟秩序。

3. 影響國家財政收入。

4. 妨礙國內檢疫防治及商品檢驗。

5. 危害社會治安。

總而言之，走私行為不僅對國家治安及人民健康造成影響，阻礙國家經濟發展，甚至危及到國家安全，臺灣四面環海在各型式走私管道中以海上走私為主要手段，相對於空運走私被緝獲的機率相對較低，本章節即針對如何抵制海上走私威脅作一探討，並分別就其定義、法律規範及處罰及走私行為態樣分析，進而找出相關因應方法及對策。

一、走私行為之定義

所謂走私可簡單定義為「非法私運貨物進出國境之行為」，處罰走私行為之目的則在於維護國內治安與確保關稅制度之有效性，惟上述定義之「非法」係違反哪些法律？何謂「私運貨物」？「貨物」包含哪些品項？有進一步闡述之必要。以下即就上述二個問題分別探討。

（一）走私相關法令

我國現行有關海上走私之法律規範，重要者有《懲治走私條例》、《海關緝私條例》、《菸酒管理法》、《槍砲彈藥刀械管制條例》、《臺灣地區與大陸地區人民關係條例》（以下稱《兩岸人民關係條例》）、《漁業法》及《船員法》等法律。其中懲治走私條例為特別刑法，係針對私運管制物品進、出口等侵害國家法益重大之行為予以規範，就其他法益侵害程度較低之行為原則上以海關緝私條例規範處罰。

此外走私香菸與酒類之行為則有《菸酒管理法》予以規範；針對走私槍砲彈藥之行為，原則上依《槍砲彈藥刀械管制條例》處罰；兩岸間之地下經濟等活動，則有《兩岸人民關係條例》為特別之規範。而為防杜以出海謀生為業之人員，利用航行之便走運私貨，於《船員法》及《漁業法》中針對走私行為亦設有處罰規定。

（二）私運貨物之定義

《海關緝私條例》第 3 條規定，將私運貨物行為給予以下定義：「本條例稱私運貨物進口、出口，謂規避檢查、偷漏關稅或逃避管制，未經向海關申報而運輸貨物進、出國境。但船舶清倉廢品，經報關查驗照章完稅者，不在此限。」亦即，必須符合以下幾項要件方構成走私行為：

1. 意圖規避檢查、偷漏關稅或逃避管制。

2. 未經向海關申報。

3. 運輸貨物進、出國境。

（三）管制物品與應稅物品

《懲治走私條例》以私運「管制物品」為處罰對象，所謂管制物品依行政院公告之「管制物品項目及其數額」規範，包含甲、乙、丙三類。甲類為管制進、出口物品，乙類為管制出口物品，丙類為管制進口物品，其包含品項分述如下：

1. 甲類（管制進、出口物品）

其中包含槍械、子彈、炸藥、毒氣以及其他兵器、宣傳共產主義之書籍、圖片、文件及其他物品及偽造或變造之各種幣券、有價證券、郵票、印花稅票及其他稅務單照憑證、罌粟種子、古柯種子及大麻種子。

2. 乙類（管制出口物品）

未經合法授權之翻印書籍、翻印書籍之底版、翻製唱片、錄音帶、錄影帶、唱片之母帶及裝用翻製唱片之圓標暨封套。

3. 丙類（管制進口物品）

一次私運下列物品之一項或數項，其總額由海關照緝獲時之完稅價格計算，超過新臺幣 10 萬元者（外幣按當時辦理外匯銀行買進價格折算）或重量超過 1 千公斤者。

至於其他非管制物品，只要未依報關規定，規避檢查、偷漏關稅或逃避管制，未經向海關申報而運輸貨物進、出國境，則均屬海關緝私條例所規範之列。

二、走私行為之處罰

我國現行有關海上走私之法律規範，重要者有《懲治走私條例》、《海關緝私條例》、《槍砲彈藥刀械管制條例》、《漁業法》及《船員法》等法律。

其中《船員法》第 69 條第 1 項規定：「船員不得利用船舶私運貨物，如私運之貨物為違禁品或有致船舶、人員或貨載受害之虞者，船長或雇用人得將貨物投棄。」倘船員利用船舶私運貨物，情節較輕者，處警告或記點（第 79 條）；情節較重者，處降級、收回船員服務手冊 3 個月至 5 年（第 80 條）；此外遊艇或動力小船駕駛倘有私運槍械、彈藥、毒品之行為，則收回其駕駛執照（第 84 條之 4）。

（一）走私物品的來源

有關走私魚貨的部分大多以中國大陸為主，其次是越南及泰國，香菸則主要來自中國大陸、菲律賓及其他東南亞國家，毒品的來源地範圍較廣，槍枝則是以菲律賓為主、其次為中國大陸。

（二）貨櫃走私的問題

走私是經濟犯罪之一環，以臺灣海島國家而言，其方法不外乎空運夾帶、漁船交易、貨櫃走私三大類。而其中以貨櫃走私數量上最龐大、危害性最嚴重、查緝上難度最高。

「貨櫃走私」乃是私梟利用貨櫃作為走私運輸之工具或容器，經由商船從海外私運政府管制物品或應稅物品入境，以逃避檢查而有違犯《懲治走私條例》、《海關緝私條例》及其相關刑事法所規範之非法行為者。由於經濟快速的發展，而且「海運貨櫃」進口量逐年不斷增加，使得不法之徒有機可乘，更成為走私者的最愛。

海關依國際貿易體制，為提高國際競爭優勢採低比率抽驗方式，只篩選高風險貨櫃進行查驗掃瞄，目的是讓國內廠商所有物品，均能達到快速通關的目的，然而在國際間經貿熱絡的互動過程中，各種物資源源不斷的輸進國內，不法分子卻伺機利用貨櫃裝貨量大、具隱密性高及查驗不易之特性，進行槍械、毒品及大宗經濟物品之走私犯罪。

武器走私在走私物品中算是一種非常嚴重的犯罪行為。其走私方式可能有以下 6 種：

1. 以人道主義救援為名走私武器。

2. 以客貨運輸做掩護用船舶走私。

3. 利用貨櫃夾雜其他貨物的走私。

4. 將武器拆解後打包分開郵寄零附件。

5. 原木挖洞，魚腹窩藏。

6. 利用雕塑或巨大的石制品進行武器走私。

 ## 1-5　現行保全威脅與攻擊模式

　　海事安全是一項非常專業領域，所有負責航行安全的航行員必須以本身專業知識來保護他們的船舶免受內部和外部威脅，這些威脅有多種形式，每種形式都需要不同的策略來進行適當的防範，本節將對於之前曾於保全職責中有提及船舶之九大威脅模式，分別說明如下。

一、對船舶或港口設施之損壞或破壞

　　該保全事件屬恐怖主義或甚至是攻擊行為，有時只是為了特殊目的而引發的事件，所以如果該裝卸港有政治因素等敏感問題，或該貨物對此地有某些影響程度，以及船員或船旗國之宗教與當地宗教有明顯之衝突時，皆必須謹慎為之，其假設情況可分為下述情形：

1. 通過爆炸裝置(Explosive Devices)損壞或破壞港口設施。

2. 透過縱火(Arson)損壞或破壞港口設施或船舶。

3. 透過破壞行為(Sabotage)損壞或破壞港口設施或船舶。

4. 透過惡意行為(Vandalism)損壞或破壞港口設施。

5. 透過爆炸裝置(Explosive Devices)損壞或破壞船舶。

6. 透過惡意行為(Vandalism)損壞或破壞船舶。

二、劫持或奪取船舶或船舶人員

該保全事件屬以（取財）為主要目的，多數與地緣關係（臨海國家）、政治動盪（戰亂）、貧窮（落後）地區等因素有關，也成為該事件發生之主要溫床，故航行該海域時，應提高警覺以防止下列事件發生：

1. 船員操控船舶（叛變）。

2. 乘客接管船舶。

3. 偷渡者／船上人員（海盜）接管船舶。

4. 透過炸彈威脅劫持船舶。

5. 劫持船員或乘客。

6. 被港口當局非法扣押船舶／船員或乘客。

三、損壞貨物、船舶關鍵設備、系統或船舶物料

該保全事件應屬警告性質較多，非破壞性保全事件，應研究當地政治生態、宗教狀況及治安狀況等，以下為較常見之破壞方式：

1. 阻斷或破壞關鍵系統；如推進、操舵或緊急電源等。

2. 汙染燃油。

3. 破壞船舶系統（航行、裝貨、壓載）。

4. 輸入假航行資料／圖書指南（雷達、船舶交管中心、領港站及相關海圖等）。

5. 汙染飲水、空調或食物。

6. 釋放瓦斯。

7. 汙染貨物。

8. 毀壞救生設備。

9. 毀壞船舶內部。

四、未經允許進入或使用，包含存在偷渡者

該保全事件應為有特殊目的且未經允許進入船舶，其目的必然以隱藏方法或利誘方式為多，故有效之搜查及對船員平時之保全意識非常重要，常發現之非法入侵船舶管道如下：

1. 偷渡者偷偷上船藏匿在貨物或儲存間內。

2. 在港口或航行中以（乘客）或（船員）名義上船。

3. 在港口或航行中以領航員、供應商、驗船師或假冒海難人員上船。

4. 在領港登船處未經許可上船。

5. 在航行中經由船艇或直升機未經許可上船。

6. 在航行中經由遇難船未經許可上船。

五、走私武器或設備，包括大規模殺傷性武器

海上貿易的頻繁促使跨國犯罪的非法集團利用海運方式走私槍械等武器，走私少量武器是屬船員個人圖利問題，數量與種類多是屬走私集團行為，走私大規模殺傷性武器或設備是屬恐怖組織行為，國際犯罪不會立即消失，但海上安全維護可盡量減少它們的蔓延，航運業能在源頭攔截的非法貨物越多，貨物到達目的地後造成的損害就越小，常見走私武器的方式如下：

1. 隱藏武器或設備在貨艙內。

2. 隱藏武器或設備在船員行李內。

3. 隱藏武器或設備在乘客行李內。

4. 隱藏武器或設備在船舶供應品內。

六、使用船舶運輸，企圖製造保全事件之人或其裝備

該保全事件主要以利誘或威脅船員，以偷渡方式運送人員，在港同時也利用船員與碼頭工人偷竊設備，在海上以武力扣押船舶以達運送人員和設備為目的，可能之情況分析如下：

（一）保全事件之種類

　　走私武器、偷渡、擾亂社會秩序、破壞或損壞港口設備，以及破壞船舶、搶劫船舶或扣押船舶及人員。

（二）人與保全事件之關係

1. 個人製造小型保全事件，影響層面小，防止較容易。

2. 群體人製造大型保全事件，影響層面擴大，以群攻力量來達到目的，如受壓迫者、受政治迫害者、族群與族群間之仇恨、利益衝突團體、理念不同團體（如環保團體、反核團體）、政治理念偏激者等。

　　相同信仰者製造保全事件之目的明顯與計劃周詳，但對象不一極難防止，宗教衝突（如回教與基督教）、主義衝突（民主與獨裁）等。

（三）人製造保全事件之目的

1. 個人製造小型保全事件目的多以私利為主。

2. 群體人製造大型保全事件目的主要以突顯某種理念、爭取群體認同、表現該群體是不可任意欺負者，藉以引起大眾之注意並給予同情。

　　相同信仰者製造保全事件之目的在於保護相同信仰者不會被世人歧視、以極端報復手段展現「我是不可遭任意欺壓的」。

（四）設備與保全事件之關係

　　製造出保全事件是必須要有工具或器具或設備才能達成，威脅事件需要武器，破壞需爆炸物或縱火裝置，非法登輪需交通工具與其他附屬用品，運送爆炸物需運輸工具，海上攻擊更需快速船艇，水底爆破需特殊設備等。

（五）如何運用設備製造保全事件

1. 一般武器用以搶劫財物或扣押船舶。

2. 爆炸物或縱火方式以破壞港口設施或船舶。

3. 車輛用以運送爆炸物或其他器材。

4. 海上船艇用以攻擊或運送設備及人員。

5. 潛水設備用以實施水底破壞。

七、利用船舶本身作為製造損壞或破壞之武器或方式

　　該保全事件應視為嚴重的恐怖攻擊事件與行動，其破壞之規模可造成國家社會局勢動盪以及不安，以 911 恐怖分子利用飛機進行恐攻為例，在行動前透過縝密之計畫，先後對紐約雙子星大樓實施攻擊，並造成該事件人員嚴重傷亡，也使美國造成經濟損失及人心恐慌，從該事件過後開始重視運輸工具的安全；相同事件如發生在海上運輸行為時，可能預設情況有：

1. 扣押重要人質在船舶上。

2. 在重要航道上製造擱淺事件，以影響船舶運輸行為等活動。

3. 在港口航道上製造擱淺事件，使船舶無法進行進出港運作。

4. 在船舶上裝置爆炸物，作為威脅工具。

八、從海上攻擊停靠或錨泊之船舶

　　該恐怖活動應屬跨區域恐怖活動，有其特殊目的或標的物，通常視為一種偷襲手段或行為，類似像第二次世界大戰時，日軍偷襲美國海軍珍珠港基地，因船舶當時皆屬於泊靠狀態，在來不及備戰及反應狀況下，進而造成人員傷亡及艦艇毀損，現今狀況類似船舶在錨泊期間，雖有安排人員於駕駛台當值，但從發現可疑目標接近時已為時已晚，所以若是從海上攻擊錨泊船隻可能發生情況如下：

1. 在港區錨泊或航行時，可能發生小艇武裝人員攻擊船隻事件，船舶既未武裝也不可能完成防衛此類攻擊。

2. 意識到船上已有警覺並可能遇到抵抗時將會放棄登輪的意圖。

3. 與港口設施保全員協商船舶安置於保全區，或依貨物和保全等級提出海側水域巡邏，建立良好的無線電通訊。

九、在海上攻擊船舶，用以阻塞港口入口、船閘及引航道

　　該攻擊模式通常為一般搶劫或攻擊等行為或手段，就如船舶航經海盜出沒區域時，利用漁船作為掩護，當鎖定目標後即派出小船或快艇接近航行船隻，若船舶不配合停船，將採取更進一步強行登船或使用武器攻擊船舶，現今模式多為海盜居多，可能發生情況如下：

1. 利用快艇發射爆炸性武器。

2. 利用快艇裝載縱火性武器。

3. 利用其他可能方式發射爆裂物。

十、以核攻擊、生物攻擊和化學攻擊

1. 恐怖分子使用核子武器。

2. 恐怖分子使用生化武器。

CHAPTER **02**

船舶保全評估計畫與實施

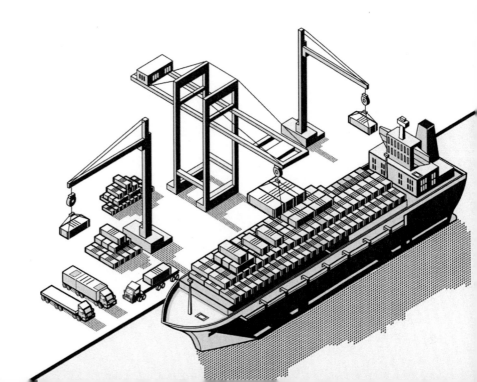

國際海事組織在 ISPS 章程中引入船舶保全評估之要求，但未提出具體的評估方式，雖然 SOLAS 國際公約及 ISPS 章程條文並無要求必須採用風險評估的方法，但基於風險的決策方法已經是公認的進行船舶保全評估之有效方法，下面將分別敘述依照 ISPS 章程所規定船舶保全評估之相關國際規範

2-1 船舶保全評估規範

依照 ISPS 章程第 8 條之規定，考慮到 ISPS 章程 B 篇之指導建議來施行（ISPS 章程 A 篇 8.2），並依照評估結果制定「船舶保全計畫」將其提交認可。

一、規則 A/8 船舶保全評估

1. 船舶保全評估是「船舶保全計畫」訂定與更新過程中重要之依據。

2. 公司保全官應確保「船舶保全評估」是經由專業之船舶保全人員，依照「船舶及港埠設施保全國際章程」B 部分的指南，對船舶進行之保全評估。

3. 在規則 A/9.2.1 節之規定，經認可的保全機構可以為船舶進行保全評估。

4. 船舶保全評估應包括以下要素：

   (1) 確認船上現有保全措施、程序及相關操作。

   (2) 確認並評估有關船舶保全之重要設備操作。

   (3) 確認船上重要設施可能遭到的威脅及發生之可能性。

   (4) 依據可能發生威脅的順序建立保全措施。

   (5) 找出政策及程序中不足的地方，包括人為執行力等。

5. 船舶保全評估應由公司制定並加以審查後保存。

二、規則 B/8 船舶保全評估

1. 公司保全官負責確保為公司船隊中其所負責的每一艘皆必須符合 SOLAS 國際公約第 XI-2 章和 ISPS 章程 A 篇部分規定，為船舶執行船舶保全評估，儘管公司保全官不必親自履行與其職責範圍相關的所有工作，但他們應對確保其得以妥善實施負有最終責任。（ISPS 章程 B 篇／8.1）

2. 在執行船舶保全評估前，公司保全官應確保已充分利用有關船舶相關資訊，如港口威脅評估、上下乘客名單以及港口設施及其保護措施等資訊，公司保全官應研究以前關於類似保全需要的報告，若實際可行，公司保全官應與船上和港口設施的適當人員會面，討論評估的目的和方法，公司保全官應遵從締約國政府所提供的具體指導。（ISPS 章程 B 篇／8.2）

3. **船舶保全評估包含涉及以下項目**

   (1) 實體之保全設備。

   (2) 程序結構完整性。

   (3) 維護系統之建立。

   (4) 計畫方向之執行。

   (5) 無線電衛星通信。

   (6) 電腦與網路系統。

   (7) 其他危險及傷害。（ISPS 章程 B 篇／8.3）

4. **參與船舶保全評估的人員應能夠在以下方面取得專家的協助**

   (1) 關於目前潛在保全風險及其特徵的相關知識。

   (2) 能辨識及發覺武器、危險物質和裝置的位置。

   (3) 能辨認可能發生威脅保全的特點和行為模式。

   (4) 熟悉用來逃避保全措施的方法及技術。

   (5) 了解用來造成保全事件發生的各種方法。

   (6) 對於爆裂物危害對船體結構和設備的影響。

   (7) 有關船舶保全所有事項的處置與執行。

   (8) 船舶與港埠設施所有業務協調相關實務。

   (9) 對應急計畫的修訂及狀況處置的反應。

   (10) 無線電通信與電腦網路系統的維護與建置。

   (11) 船舶與港口相關之操作。

5. **船舶保全官應取得進行評估所需的資訊並完成以下記錄**

(1) 對於船舶總佈置圖中各部位置的熟悉與了解。

(2) 了解限制進入區域之位置，如駕駛台和 SOLAS 第 II-2 章所定義的 A 類機器處所和其他管制點等。

(3) 船舶各實際出入口及潛在進入點的位置。

(4) 對於潮差較大的港口可能對於船舶保全監控之影響。

(5) 了解貨物放置處所和積載位置分布。

(6) 船舶物料和重要維修設備的存放位置。

(7) 非隨身攜帶行李的存放位置。

(8) 維持船舶重要動力系統及緊急和備用設備。

(9) 船上現有保全職責的人數及公司目前培訓要求的現況。

(10) 用於保護乘客和船舶人員的保全和安全設備。

(11) 確保船舶能有秩序的安排緊急疏散程序至集合地點。

(12) 能取得與私人保全公司服務的相關簽訂協議。

(13) 現行有效的保全措施和程序，包括身分查驗系統、警示與監控設備、其他通信、警報、照明、進出控制和其他適當系統。

6. 船舶保全評估應包括露天甲板在內的每一個位置，並評估會被遭其破壞的可能性，包括一般進入船舶的通道及其他進入船舶的入口。

7. **船舶保全評估應考慮到一般和緊急情況下現有保全措施，以及相關操作指南與程序，其中包括**

(1) 限制區域保全措施指引。

(2) 火災或其他緊急情況之應急程序。

(3) 對船舶人員、乘客、訪客、供應商、維修商和碼頭工人等之監督等級。

(4) 所安排之保全巡邏的頻率及有效性。

(5) 控制進出船舶的方式，包括身分查驗系統。

(6) 律定保全通信系統和程序。

(7) 位於梯口之保全門、屏障和照明的安排方式。

(8) 船舶保全警示系統的操作程序。

8. **船舶保全評估重點應考慮人員的保護以及其他活動與操作行為，其中包括**

   (1) 船舶人員執行工作的安全。

   (2) 乘客、訪客、供應商、修理商以及港口設施人員等於船上期間的行動準據。

   (3) 維持安全航行和應急反應的能力。

   (4) 貨物的保護及安置，特別是危險貨物或有害物質。

   (5) 船舶物料清點與儲存。

   (6) 船舶保全通信設備和電腦網路系統。

   (7) 船舶保全警示系統的使用與維護。

9. **船舶保全評估應考慮所有可能的威脅，其中可包括以下類型的保全事件**

   (1) 對船舶或港口設施造成損壞或破壞，例如透過爆炸裝置、縱火或惡意破壞等行為。

   (2) 奪取船舶或劫持船上人員。

   (3) 損壞貨物及船舶重要操作性之設備或系統。

   (4) 偷渡者未經允許進入或使用船舶相關設施。

   (5) 走私武器或設備，包括大規模殺傷性武器。

   (6) 使用船舶運輸企圖製造保全事件之人及其設備。

   (7) 利用船舶本身做為製造損壞或破壞之武器工具。

   (8) 從海上攻擊錨泊中之船舶。

   (9) 從海上攻擊航行中之船舶。

10. **船舶保全評估應考慮到所有可能的脆弱性，其中可能包括**

    (1) 船舶安全和保全措施之間的問題。

    (2) 船員職責和保全任務之間的衝突。

    (3) 船員值班勤務時段的安排，特別要注意到疲勞對警覺性和工作效率的影響。

    (4) 發現船上有任何保全訓練不足之人、事、物。

    (5) 包括通信系統在內的保全設備，如對講機及廣播器等。

11. 公司保全官和船舶保全官應了解長時間船舶維持保全警戒對人員之影響,在制訂保全措施時,應特別注意到船上人員的作息方式及個人的隱私空間,以確保保全效果能長時間維持。

12. 在完成船舶保全評估後,應準備一份完整的報告,內容包括評估進行的方式以及評估期間發現問題的描述,及可用來解決各項應對措施的方法,並對報告應加以保護,防止私自查閱或造成洩密。

13. 如果船舶保全評估不是由公司進行的,報告應由公司保全官審查並接受。

14. **現場保全檢驗是船舶保全評估之組成部分,應檢查和評估船上的現有保護措施、程序和操作,並從中確保**

    (1) 確保船舶所有保全任務皆有被執行。

    (2) 監控限制區域以確保經過授權的人員才能進入。

    (3) 對進入船舶方式進行管制,包括任何身分查驗的方式。

    (4) 監控各層甲板區域和船舶四周圍狀況。

    (5) 管制人員及其行李上船。

    (6) 監視貨物裝卸和船舶物料交付與清點。

    (7) 隨時確保船舶保全通信設備暢通無阻。

三、SOLAS 第 XI-2 章規則 7 船舶之威脅

1. 締約國政府應為在其領海內航行之船舶提供保全等級等相關資訊。

2. 締約國政府應提供附近一個聯絡地點與方式,使航行經過的船舶在有需要時,能透過該聯絡地點尋求諮詢或及其他任何問題的解決方式。

3. 如果船舶已確定存在受到襲擊的風險,締約國政府應將以下情況告知有關船舶及其主管機關:

    (1) 當前的船舶保全等級。

    (2) 按照 ISPS 章程 A 部分的規定,船舶為防止遭受襲擊而採取一切必要之保全措施。

    (3) 沿岸國經評估其狀況後,對遭遇襲擊的船舶採取之相對應之保全措施。

2-2 船舶保全計畫概述

　　船舶保全計畫(Ship Security Plan, SSP)是為確保計畫中有關船舶安全的措施在船上適用而制定的計畫，這是為保護人員、貨物、貨物運輸單位、船舶物料或船舶等免受任何保全威脅風險而制定的。

　　該計畫規定了對船隻及其貨物的任何預期威脅及所需負的責任，(ISPS Code)規定，船舶必須制定此類計畫。船舶保全計畫必須針對船舶相關活動、船上出入口控制、限制區域監控、貨物裝卸、船舶物料以及隨身行李之檢查，制定每個保全等級的保護措施。

　　船舶保全計畫之執行，應考慮港口設施的保全等級，以防止對船舶造成任何威脅，並防止船上任何未經授權的活動發生，船舶保全計畫必須制定措施，防止任何意外事件進入船舶，根據計畫書中之要求，船上必須指定一名船舶保全官(SSO)來執行船舶保全計畫，該計畫必須在對船舶進行徹底的安全評估後制定，同時須考慮到 ISPS Code 中規定的指導。

一、船舶保全計畫之定義

1. 船舶保全計畫的目的是防止對船舶、船員和額外乘員進行非法行為。

2. 船舶保全計畫書是由公司保全官編撰，內容或許因為船舶種類或航線而異。

3. 船員、旅客、船舶、貨物之安全及保全由船長負責，保全計畫政策及程序之動向由公司保全官負責，除非船長本人是船舶保全官，否則船舶保全官負責船舶保全計畫之執行維持與監控，並向船長報告。

4. 船舶保全計畫係指為確保在船上人員、貨物、船舶物料或船舶本身免受保全事件威脅之措施而制定之計畫。

5. 船舶保全計畫應規定各保全等級所需之程序和設備，以及確保監視設備能夠持續運行之方式，包括對氣候條件或電力故障可能影響之考慮。

二、船舶保全計畫之範圍

1. 船舶保全計畫包括政策及程序，用來提升船舶保全。這份保全計畫符合了 SOLAS 等 XI-2 章的修正草案及國際船舶及港口設施保全章 A 篇及 B 篇之規定（提升保全之措施）。這份船舶保全計畫亦已考量本輪的船舶保全評鑑之結果。

2. 除非 CSO（公司保全官）同意，船舶保全計畫不是締約國政府授權官員實施檢查的一般項目。但如有理由發現違反規章且證實船舶有未遵守船舶保全之規定時，締約國政府官員有權要求檢查，並在必要時採取適當之糾正行動。

3. 制定船舶保全計畫，首先應實施船舶保全評估，包括現有的船舶保全措施、程序及操作。然後完成脆弱點評估，找出潛在缺失或保全之弱點，此部分應列為機密，須分開保存及上鎖於文件櫃內。

三、船舶保全計畫之目的

　　船舶與港口設施都有責任採取必要的保全措施來應付潛在的威脅，船舶的經營者、船員、港口管理機關及港口設施經營者，必須作威脅的評估、保全的檢驗、易受攻擊的弱點評估，然後建構保全計畫來減輕危險。對於船舶及港口設施負有保全責任的人員亦應給予訓練和進行演習，以確定所有人員皆熟悉保全計畫及程序。

　　這些保全要求必須得到主管機關的檢驗認可。船舶必須持有國際船舶保全證書(ISSC)，此證書類似安全管理證書，用以表示該船舶具有認可的船舶保全計畫，並且其船員了解他們的保全職責。港口檢查單位(PSC)將會要求檢查這份證書及保全計畫。

四、船舶保全計畫內容

　　船舶保全計畫的內容根據美國海岸防衛隊船舶檢查航行通告(USCG NVIC 10-02)的建議，保全計畫內容應敘明各種保全的硬體設備與各類的保全措施，以應付各種不同狀況的保全事件，最好的措施是使保全事件在發生前阻止其發生，正在發生的可以化解於無形，若是已經發生的使風險及傷害減至最低，人員安全至上為原則。保全計畫的主要內容須包括：

1. 針對武器、危險物質、可能用於危害船舶安全的設備的預防措施。

2. 限制區域的具體識別方式和防止進入任何此類指定區域的預防措施。

3. 考慮到船舶的關鍵操作，當船舶面臨保全威脅或違規時應採取的行動。

4. 遵守締約國政府關於安全級別的指示。

5. 在無法應對的情況下可能必須執行的疏散程序。

6. 有安全上問題時，船上負責人員之具體職責。

7. 評估安全相關活動的程序。

8. 與船舶保全計畫相關的培訓和演習程序。

9. 與港口設施聯絡的程序。

10. 報告安全相關事件的程序。

11. 船舶保全官(SSO)與公司保全官(CSO)的指定和識別以及職責和聯繫方式。

12. 維護、測試和校準與本規範有關的設備的程序，應包括要進行的測試時間及詳細的訊息內容。

13. 提供船舶保全警示系統(Ship Security Alert System, SSAS)的位置以及使用 SSAS 的操作指南。使用說明還應包括 SSAS 測試的詳細信息以及有關錯誤警報的信息。

　　除非在規範中特別指定的情況下，否則船舶保全計畫不受相關檢查。除非港口國當局有適當的理由或證據證明該船未遵守(ISPS Code)，否則不得進行檢查。

　　這只能在獲得船長同意的情況下進行。船長始終擁有船舶指揮及所有權力，尤其是當船舶的安全和保全受到質疑時，如果根據船長的專業判斷（和經驗），船舶操作與 SSP 存在衝突，他可以採取臨時措施維護船舶保全，直到衝突解決。在可行的情況下，任何此類臨時措施都必須與當前的安全等級相對應。

　　根據 ISPS 章程 B 部分提出了具體的建議，應充分考慮以下這些建議要求如下：

（一）規則 B/9 船舶保全計畫(Ship Security Plan)

1. 所有的「船舶保全計畫」

(1) 詳細列出船舶的保全組織結構。

(2) 詳細列出船舶和公司、港口設施、其他船舶和有關保全當局之關係。

(3) 詳細列出船舶內部和其他船舶之間，以及船舶與港口設施之間有效的持續聯繫之通信系統。

(4) 詳細列出在保全等級一之基本的保全措施，包括操作性措施及物理措施。

(5) 詳細列出能使船舶從保全等級一迅速提升至保全等級二，以及必要時至保全等級三時之附加保全措施。

(6) 提供對「船舶保全計畫」的定期審查或稽核，以及根據經驗或環境變化提供「船舶保全計畫」的修正案。

(7) 向有關締約國政府聯絡點進行報告之程序。

2. 公司保全和船舶保全官必須制訂程序

(1) 評估「船舶保全計畫」的持續有效性。

(2) 在計畫批准之後制訂計畫的後續修訂案。

3. 船舶保全計畫還應必須確認以下與保全等級有關的事項

(1) 負有保全任務的船上人員的職責和義務。

(2) 保持持續通信的程序或保障措施。

(3) 評估保全程序、警戒、監控設備和系統，包括確認設備或系統失效或故障，做出反應有效的程序。

(4) 保護書面或電子版本保全敏感資訊之程序和做法。

(5) 保全和監控設備和系統的類型及維護要求。

(6) 確保違反保全規定報告的及時提交和評估。

(7) 建立、保持和更新船上載運危險貨物及其位置清單之程序。

2-3 船舶的配置與識別

船舶各部位的配置主要區分為幾個區域及位置，例如：進入船舶通道(Ship Access)的指引、船舶限制區域(Restricted Area)的位置、緊急疏散路線(Emergency Evacuation Routes)的標示，以及保全設備或保全系統裝置(Existing Security Equipment/System)的位置等，這些部位的配置均要在船舶總配置圖(General Arrangement；GA)上記錄並標示出來，讓所有船員可以清楚辨識。

一、進入船舶

通常可分為「進入船舶」與「進入船艙」兩種通道，進入船舶的通道包括：纜繩、錨鍊孔、引水梯（水呎梯）、舷梯、駛上駛下坡道(RO/RO)、船上起重機或吊桿、燃油輸送管以及卸貨機具等；而進入船艙通道包括：住艙各樓層左右兩舷之對外門、緊急（逃生出口）、船艉伙食及物料補給天井艙蓋以及舷窗等，船長必須對這些出入口採取以下必要的保全措施：

1. 船長在每一個港口使用舷梯、領港梯或者是水呎梯時，應考慮到工作的需要及對船舶保全的潛在影響，為保證船舶的正常工作及安全，此決定應考慮到船舶及港口設施的保全等級，以及負責執行保全的人力是否可以滿足，以確保船舶操作順利和人員安全。

2. 船上住艙各樓層對外出入口及門禁的控制責任，除了主甲板保留一個對外通道外，其餘樓層須從內部將門確實關緊並上鎖（含水密門），必要時貼上封條並註明時間，在巡察時可以藉此可以確定是否有遭破壞或被開啟。

3. 定時檢查所有在船舷邊的門、舷窗、甲板開口的天窗無使用時是否緊閉，以及這些對外開口是否也採取相應的保全措施。

4. 纜繩(Mooring lines)：尤其在夜間碼頭無作業時，實為非法分子進入船舶的好時機，透過纜繩登輪的優點是不需任何工其之協助。

5. 錨鍊(Anchor chain)：船舶泊港期間如果有下短錨時，亦是監控的盲點與死角，其特性與纜繩相同亦不需任何工具協助即登輪，並可利用錨鍊孔作為藏匿處所。

6. 領港梯／水呎梯(Pilot ladders/Jacobs ladder)：該設備在使用時方放下讓領港登輪，不用時應吊離水面或收回，不可垂掛在現場。

7. 舷梯(Gangways)：舷梯是靠碼頭期間人員進出及使用最頻繁之設備，為顧及使用安全，應在該處懸掛告示牌，上面必須敘明使用舷梯注意事項；如舷梯荷重及人數使用的限制等，並陸續完成登輪者身分確認、隨身物品檢查、登記及換證後始能進入住艙。

8. 車道或坡道(Ramps)：岸上車輛進入船舶之通道。

9. 大型起重機(Cranes)：在船上使用於吊裝或吊卸貨物用之機具，在停工時應將吊桿移回船內或海測，尤其是吊鈎一定要升高不可垂掛於船外，並將電源關閉。

10. 小型起重機(Hoists)：一般指裝在船舷兩側，用來吊船用物料、配件、伙食等。

11. 燃油添加站(Bunker stations)：一般船舶在加油時間的安排並無固定，如在夜間加油時亦要注意輸油管的狀況，避免人員攀爬輸油管進入船舶。

二、限制區域

　　限制區包括駕駛台、機艙各層及其控制室、舵機房、滅火站、緊急發電機房、貨物控制室等，這些地方平常均應保持上鎖，鑰匙僅由該設施負責人持有，一般僅允許公司內部岸勤人員、承包商、供應商及維修廠家在大副或船長同意後人員才可以進入，以下對於限制區域的部分說明如下。

1. **駕駛台(Bridge)**：夜間僅保持住艙內通往駕駛台樓梯間內門可供進出，兩舷測通往戶外之對外拉門要由室內關緊並卡住，以防外來侵入者進入，並在所有門上應張貼「限制區域非經許可不得進入」的標示。

2. **電訊室(Radio communication room)**：一般通常位於駕駛台內部，較新型船舶已歸納於開放空間，若其設備與駕駛室有所區隔，在門外亦須張貼「非經許可不得進入」等告示，靠泊期間應考慮上鎖。

3. **機艙設備處所(Machinery spaces)**：在進入機艙各個入口處安裝感應器，當門被開啟後會傳送燈光、聲響至機艙控制室內。

三、脆弱點

脆弱點包括空調機房、電瓶間、配電站、液壓動力裝置間、電梯、氣瓶間、油漆間、水手長庫房、錨鍊艙等，這些地方是一般較隱密，人員比較少出入，也因為這樣容易被有心人士利用為非法用途，因此要特別注意，其要點分述如下。

1. **空調壓縮機房(A/C machinery and control room)**：空調機房在機艙下層有單獨空間，也可以在門口安裝感應器，如果門被開啟在控制室當班的同仁亦可得知。

2. **飲水櫃、泵浦間(Water tanks, Pump spaces)**：這些設備的位置均屬於機艙下層的空間，也是平常容易疏漏的地方，所以機艙人員亦須注意此類區域。

3. **危險品、災害性物質放置場所(Area containing dangerous goods、hazardous substances)**：一般此類物品都會有獨立空間且良好之通風處所儲存，也是監控容易忽略的地方亦須注意。

4. **貨物控制室(Space containing cargo pumps and their control)**：船上貨控室也可以稱壓載室，在貨物裝卸作業過程中對於船舶的穩度與適航性安全尤其重要，也是船上重要場所之一，如果此時正在實施壓艙水壓載作業時，人員必須全程在場監控，若此時必需暫離開時，必須停止泵浦運作或將壓載室的門上鎖後才可離開。

四、緊急疏散路線

緊急疏散路線是用於有安全問題時，固定的逃生通道，或是保全事故出現時，撤離至事先規劃場所的路線，這些路線通道要保持淨空，對外出入口不得上鎖，以應緊急狀況時順利疏散的需求，對於緊急狀況時之巡邏路線，應採不定時、不同路線之巡邏方式，讓人無法預計巡邏的頻率，增加保全事件的困難度，其緊急逃離疏散路線分述如下。

1. 船舶當初建造時已經有考慮到逃離路線之安排，機艙內設有固定緊急逃生通道（如機艙逃生道），但要如何從各工作場所、生活空間撤離至集合點，必須在現場以規定的方式來標示，或以 IMO 的夜光貼紙張貼於適當高度且不會被其他物品所遮蔽的位置，或利用反光漆在地板上、樓梯間漆上適當寬度之標示，此種方式尤其適用於機艙，該標示可兼亮度指示逃生路線。

2. 該撤離路線可標示在 GA 圖上,且為不變之路線,在平時訓練時亦應讓在船所有人員熟知該路線;該通道上要保持暢通無阻,尤其是門後更應特別檢查,門都必須可開關自如,並應於門上張貼「逃生門」,並在主要通道上裝有 24V 直流照明燈,目前法規有新的規定,必需在緊急逃生門附近要準備一具手電筒已備使用。

3. 保全事故發生時,先撤離至事先規劃之場所,該路線要視保全等級不同而採取不同之撤離路線與避難點,並在該場所儲存相當數量之糧食、飲水及防寒衣物,該避難場所位置應屬保密事項,不得讓不相關人員知道,以避免受到破壞或被入侵者極易找到的地方。

4. 緊急狀況時之巡邏路線應採不定時、不同路線之方式巡邏,人數安排每組至少兩人,但以人數不定較為妥當,巡邏前要先告知聯絡代號、密語、術語及其他肢體語言等,訓練時讓成員熟知各種路線,並以代號來區分不同路線之選擇,總而言之,有了萬全準備才能減低保全事故的發生,即使發生時亦能將危害降至最低。

2-4 搜尋計畫制定與船舶監控

　　船舶搜查計畫制定應結合船舶的監控程序來實行,當船上認為有需要時能確保以快速及有效的方式達到搜查目的,有效率的船舶監控方式也有助於搜尋計畫之實施,所以應在平常訓練中熟悉其相關技巧,這也是每位船員的日常工作,及身為船舶保全的一份子應盡的責任與義務。

一、船舶搜尋之計畫

　　船舶航行於高風險區域期間或者接收到有關威脅的訊息時,均需立即作搜查,排列整齊的物料間或儲藏室能更輕易、快速以及有效的做搜查,為了提升船舶良好的事務管理,平時各庫房應儘可能將過多的零部件擺放整齊,以節省其搜查時間達到良好之搜查效率,負責每艘船之公司保全官和船長應協助船舶保全官建立搜查程序,舉行演練以確保這些計畫的正確性,並能有效的使船員理解後去執行。

（一）船舶搜尋之決定

當船舶停靠碼頭有必要決定實施搜查時，船長應考慮是否讓不需要接受檢查的人員或乘客下船，即便如此，應建立一個檢查及過濾機制以確保恐怖分子無法放置任何危險物品於船上，車輛駕駛應協助並配合船上作業，將車輛駛離船舶以方便檢查。

如果需要在航行中作檢查，船長應通知乘客本輪即將實施「保全警戒」(Security alert)巡查，並要求將個人行李一併列入檢查，船上旅客中如果具有此類似工作經驗及技術者，可請求給予相關支援。

船舶決定實施搜查時，船長應召集各部門主管進行搜查會議簡報，並聽取各單位任務分配與實施方式，並已確定相關的應變小組及搜查計畫無任何遺漏的地方。

（二）船舶搜查系統(The ship search system)

船上應有一套完整的搜查計畫與系統，另外如果用於客船上則需要有更加嚴謹的配套措施。

（三）發現可疑裝置時之措施(Finding a suspect device)

1. 作為船上保全人員僅須做好分內職責所賦予的工作，如遇到本身能力未及之相關事件時，切勿嘗試單獨去解決，只需要完成相關紀錄及報告即可。

2. 假如發現可疑裝置時，需注意物品發現時的地點及其外觀與特徵，並立即報告船舶保全官後將現場隔離起來，並依下列指示處理：
   (1) 不要移動、觸摸或採取任何方式進行干擾。
   (2) 不可向可疑物品潑水或扔擲任何物品。
   (3) 通知船公司並報告主管當局。
   (4) 不可在可疑物品附近使用無線通信設備。
   (5) 關閉附近防火門，並進行適當之隔離。
   (6) 確保所有人均已撤離現場。
   (7) 避免物體受聲、光、熱影響，同時避免產生震動。
   (8) 若船舶在航，應迅速駛向附近港口請求協助。

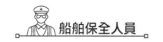

3. 假如船舶在港發現可疑裝置，船長或當值船副應依據緊急計畫疏散人員，船上僅需留下足夠人員提供必要協助即可。

二、船舶保全監控之方式

　　船舶本身應具備甲板監控、可能登船的通道、船舶限制區以及易受攻擊的地點監控之能力。此種監控方式可以採用照明、安排當值人員、甲板巡邏以及自動闖入探測裝置及其他監控設備等，自動闖入探測設備應能在有人闖入監控區域時啟動聽覺和或視覺警報，航行中用雷達、望遠鏡等設備對海面可疑目標進行仔細搜索，對可疑目標鳴汽笛警告、探照燈照射警告等。

　　船舶在以下狀態時，船長應決定採取與保全狀況相對應的保全監控措施：

1. 船舶航行在保全威脅程度較高的水域。

2. 船舶在港作業。

3. 船舶在錨地。

4. 其他通過保全檢查和評估認為需要監控的區域。

（一）監控船舶方法

1. 保全照明

(1) 在航行期間除了固定開啟航行燈外，在不妨礙駕駛員航行安全的狀態下，應盡可能多打開甲板燈光照明，如在船舶左右兩舷及船艉保持有足夠的燈光照明燈，並照亮探照燈，以增強船舶周圍水面的能見度，駕駛台當值人員經常用手持式信號燈或強光手電筒照射海面，以表示船舶有防範與戒備。

(2) 靠泊和錨泊中保持甲板和船內所有照明燈處於良好使用狀態，夜間打開照明燈確保船舶甲板、船艉區域和通道口的照明，使船員能夠完全掌握岸側與海側等區域情況，在保全等級提升之狀況下，協調碼頭設施提供岸邊附加燈光照明，附加燈光照明包括：使用聚光燈、強光燈，在船舶左右兩舷和船艉掛上強光照明燈，以增強甲板和船舶周圍水面之能見度。

2. 甲板和船內燈光照明要求

(1) 在黑夜或視野受限情況下，進行船舶或港埠設施介面活動、靠泊或錨泊作業時，應確保船舶甲板、船艉區域和通道口的照明。

(2) 船舶在碼頭、錨地或航行途中，甲板和船艉在黑暗中或能見度不良時均應按照保全等級，或船長的判斷給予照明，但不應影響航行燈或安全航行。

3. 保全巡邏

保全巡邏由船舶保全官負責安排，主要檢查船舶及其周圍的保全狀況，保全巡邏的程序如下：

(1) 保全巡邏人員和當值人員應攜帶通信設備，並隨時與當值駕駛員和船舶保全官保持聯繫。

(2) 巡邏應以不定時的時間間隔進行。

(3) 巡邏人員應巡視包括船舷外側在內的船舶各個區域，特別要注意檢查每一個限制區域，如該區域處於關閉狀態時，應檢查其關閉狀況，並觀察所巡邏區域的任何可疑跡象。

(4) 不要擅自處理任何之可疑跡象，應立即報告船舶保全官。

(5) 如巡邏中發現有未經授權的人進入限制區域，應視情況對其進行搜查，確認其限制區域內的任何設備和物件未遭破壞，如進入者屬於允許登船人員，應在有人陪同下將其帶往指定工作場所，同時報告船舶保全官，如屬未經授權登船人員，應立即報告船舶保全官，並通知港埠設施保全官進行處理。

(6) 如巡邏中發現保全狀況有被破壞的跡象，不要擅自處理更不能破壞現場，應立即通知船舶保全官進行檢查，必要時報告港埠設施保全官到船處理。

(7) 對船上所有人員通報可能的威脅，要求他們保持警惕，及時向船舶保全官或當值駕駛員報告可疑人、事、物等事件。

（二）各保全等級下監控船舶的措施

1. 保全等級 I 時應採取的保全措施

(1) 船舶保全計畫應制定包括照明、當值人員、保全人員或使用保全和監控設備在內的保全措施，使監控人員能觀察到船舶的整體情況特別是限制區域。

(2) 在夜間或能見度低的情況下，當進行船港介面活動、靠泊或拋錨作業時，應確保對船舶甲板和船舶進入通道給予必要的照明。

(3) 考慮到現行國際海上避碰規則的規定，船舶航行時應使用安全航行的照明。

(4) 在確定適當的照明亮度和位置時，應考慮到以下方面：

　　A. 船上人員應能觀察到船舶兩舷的情況。

　　B. 涵蓋區域應包括船上和船舶周圍區域。

　　C. 涵蓋區域應便於在通道處對人員身分進行核對。

　　D. 涵蓋區域還可通過與港埠設施協商決定。

2. 保全等級 2 時應採取的保全措施

　　保全等級 2 時，船舶保全計畫應制訂加強監控和監視能力的附加保全措施，包括：

(1) 增加保全巡邏的次數和範圍。

(2) 增加照明的涵蓋範圍和強度或增加對保全和警戒設備的使用。

(3) 增加保全當值人員，確保與水上巡邏艇、岸上人員及車輛巡邏的協助。

(4) 如有必要，可要求港埠設施提供額外的岸側照明。

(5) 應加強照明以防範嚴重威脅安全事件的風險。

3. 保全等級 3 時應採取的保全措施

　　保全等級 3 時，船舶應聽從對保全事件或其威脅進行處理的機構所發出的建議與指導。船舶保全計畫應詳細列出船舶在與該單位和港埠設施部門密切合作時，可由船舶自行採取的保全措施，其中可包括：

(1) 打開船上或附近的照明。

(2) 打開監視設備監控船上和附近的活動。

(3) 最大限度地延長此類監控設備的連續使用時間。

(4) 準備對船體進行水下檢驗。

(5) 採取包括船舶螺旋槳低速運轉在內的措施，防止從水下接近船舶。

2-5 船舶保全措施之實施

　　船舶在營運過程中，針對可能遇到之船舶保全事件時，必須採取相對應之保全措施，本章節將根據 ISPS 章程，將保全事件發生可能性規範出主要六項，並擬定出每一保全等級所應採取之保全行動準據。

一、船舶應有之保全措施

1. 如果船舶主管機關規定了保全等級 2 或 3，船舶應確認已收到關於改變保全等級的指令，並迅速提高船舶的保安等級和實施相對應的保全措施。

2. 船舶在進入締約國境內的港口之前，或在締約國境內的港口期間，如果締約國政府規定的保全等級高於船舶主管機關所規定的保全等級時，船舶應符合締約國政府規定的保全等級要求。

3. 如果船舶按其主管機關要求，所設定的處所的保全等級高於其擬進入或已在港口的保全等級，船舶應立即將此情況通知港口設施保全官進行聯絡並協調適當的行動。

4. 在締約國政府規定了保全等級，並已確保向在其領海的或已通知進入其領海意圖的船舶提供了保全等級的訊息時，船舶應保持戒備，並立即向其主管機關和附近任何沿岸國報告其所注意到的可能影響該區域海上保全的任何訊息。

5. 如果船舶不能符合主管機關或另一締約國政府規定的適用該船舶保全等級要求，則該船應在進行任何船／港介面活動前，或在進港之前將此情形通知適當的主管當局。

5. 任何時候船舶的保全等級不得低於其靠泊的港口設施的保全等級。

6. 船長和船舶保全官應儘早與預計靠泊的港口設施保全官取得聯繫，以確認本船在該港口設施的保全等級狀況下應採取相關之保全措施：

　　(1) 船舶應根據目前之港口保全等級採取相關的保全措施。

　　(2) 當船舶和港埠設施正常工作時，應採取保全等級 1 規定的最低限度的適當防範性保全措施。

(3) 在保全事件發生風險性升高的整個階段內，船舶應採取保全等級 2 規定的附加防範性保全措施。

(4) 在一段時間內保全事件可能或即將發生時，船舶應採取保全等級 3 規定的特定防範性保全措施。

二、船舶六項保全措施

船舶保全計畫中具體說明有關船舶、人員、貨物等相關之船舶保全措施，並在各種保全等級狀況下應採取之行動準據，以下分為 6 項保全措施依序說明：

1. 船舶人員、乘客、來訪者等進入船舶。

2. 船上的限制區域。

3. 監視船舶保全。

4. 貨物裝卸。

5. 船舶物料交付。

6. 非隨身行李之裝卸。

（一）控制船舶人員、乘客、來訪者進入船舶之保全措施

由於船舶泊靠碼頭期間，人員上下船舶情況頻繁且複雜，為了落實人員管控，首先必須管制船舶各出入口，可以進入船舶的地點包含以下地點：登船梯、登船舷門、船艙吊門、進口門、舷側艙門、舷窗與舷門、繫泊纜繩及錨鏈，以及起重機與升降裝置等，不同保全等級的保全措施分述如下：

1. **保全等級 1(Security Level 1)**

    (1) 辨識所有人身分，核對所有登輪人員的身分，並確認其登輪理由，例如核對身分證及工作證、航港局或代理行申請書或同意書、公司簽發之工單等。對於不配合人員可以拒絕其登輪，並報告船舶保全官。

    (2) 與港口設施保全官保持聯繫，應確定進入指定之保全區域對人員、行李、個人物品、車輛及其內容進行檢查及搜查。

(3) 與港口設施單位聯繫，船舶應確保準備裝至車輛運輸船、滾裝船及其他客船上之車輛，在裝車輛進入船艙前依規定進行搜查。

(4) 將已檢查及未檢查過之人員與行李隔離。

(5) 將上、下船人員隔離。

(6) 確認應採取保全措施之登船口以防止人員擅自進入。

(7) 用鎖或其他關閉方式，防止乘客或其他非相關之工作人員進入無人看管處所附近區域之入口。

(8) 向所有船舶人員作出保全指示，說明可能之威脅及報告可疑人員或物品或行為之程序以及保持警惕之必要性。

(9) 授權人員危急船舶限制區域最小化。

2. **保全等級 2**(Security Level 2)

(1) 指派額外人員看守船舶進入口，並在深夜巡邏甲板區域以防止擅自登輪。

(2) 限制船舶出入口，減少通往船舶進入口，確認需要關閉之入口及緊閉的方式。

(3) 加強巡邏，防止從海側接近的船舶。

(4) 配合港口設施保全官(Port Facility Security Officer, PFSO)合作，在船舶岸側規定限制區域。

(5) 增加對登船人員及個人物品及裝船車輛的檢查與核對。

(6) 陪同已上船的來訪之人員，直至離船為止。

(7) 向所有人員作出附加之具體保全指示，說明已確認的威脅，再次強調回報可疑人員、物品或行為之程序，強調提高警惕的必要性。

(8) 對船舶進行全面或局部搜查。

3. **保全等級 3**(Security Level 3)

(1) 限制進入船舶入口，僅保留一個可控制之登輪入口。

(2) 僅允許對保全事件或威脅進行反應之人員進入。

(3) 向船上之人員發出指示。

(4) 停止人員上下船。

(5) 停止裝卸貨物，交付物料等。

(6) 從船舶撤離。

(7) 移動船舶離開保全威脅區域。

(8) 為全面搜查或局部搜查船舶作出準備。

（二）控制進入登船通道的保全操作

1. 登船通道開啟的決定

　　船長負責決定登船通道開放的位置和數量，船長在做出決定時應考慮船上所有操作需要及潛在的保全影響，保全人員的分配以及所處的保全等級，以保證船舶的正常作業。

2. 進入通道／門的控制職責

　　船舶保全官負責向船長報告船舶的整體保全情況：

(1) 在船舶甲板上巡邏，觀察船舶周圍任何活動情況，包括舷外和碼頭區域。

(2) 定期檢查船舶所有的門是否關閉，船側開口及其相關的保全設施是否完好。

(3) 檢查船舶艏艛和其他甲板區域，確認是否存在任何未經許可的船舶通道被打開。

(4) 全面檢查以確保所有被開啟的通道是由有關部門的工作人員負責管理。

(5) 檢查所有逃生路線上關閉的門，確認在逃生方向上沒有鑰匙也能打開。

(6) 當值人員或特地增加的保全人員應提高警惕、堅守崗位、勤於巡邏、克盡己職。

3. 對通道的控制要求

(1) 負責執行通道控制的部門負責人應確保所有的當值人員有足夠的休息時間，當值人員無論任何情況、任何時間、任何原因都不得離開當值崗位，直到有人接班才可離去。

(2) 甲板部應按要求管理所有出入通道門，以協作船舶保全官和指定的保全人員履行職責，當值駕駛員應協助船舶保全官以確保提供足夠的人力，保護所有進入通道人員的安全。

(3) 梯口當值是船舶保全官和指定的保全人員的首要職責。

(4) 船舶保全官應和碼頭經營者商定保全措施，包括保全守衛和柵欄裝置。

(5) 公司應根據船上可能的登船通道，擬出各實際操作控制要求。

MEMO:

CHAPTER **03**

船舶保全官職責與訓練

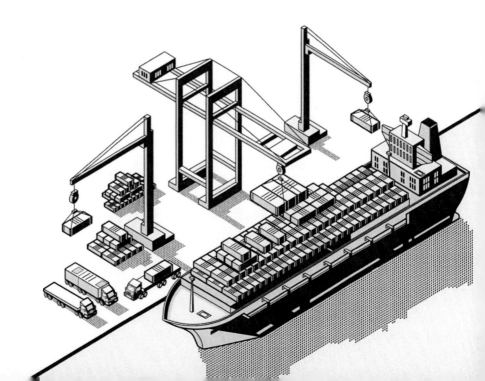

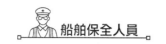
航行於國際線之船舶，船上人員大多都是負有船舶保全計畫中保全職責的相關人員，依據「航海人員訓練、發證及航行當值標準國際公約」(International Convention on Standards of Training, Certification and Watchkeeping for Seafarers; STCW)2010 修正案的要求，所有上船服務的船員都必須持有「保全意識」及「保全職責」兩項證書，而「船舶保全意識與職責」就是為了滿足 STCW 章程關於「保全意識培訓合格證」及「負有指定保全職責船員培訓合格證」兩項證書培訓的要求。

綜合以上敘述，凡受僱並任職於總噸位五百以上航行國際航線船舶之船長或大副，經由船公司指派擔任船上之船舶保全官(Ship Security Officer; SSO)。另其他一等或二等航行員，因晉升或船公司業務需要，亦可參加「船舶保全人員」訓練。

根據 STCW 國際公約 2010 年修正案規定，在新增之船員適任標準中要求必須參加船舶保全專業訓練相關課程，其中課程的主題和重點有船舶保全職責、船舶保全威脅、船舶保全設備以及船舶保全計畫，並且能夠有效防止海盜及武裝恐怖分子劫持，以保證船舶安全運營。

3-1　ISPS 章程與 SOLAS 公約的改變

一、國際海事組織海上安全立法

在 1985 年阿基萊勞倫事件發生，國際海事組織通過了第 a.545 13 條「防止海盜行為和持械搶劫船隻行為措施」，以解決有關海盜和武裝搶劫的問題，事件發生後，國際海事組織迅速通過了第 a.584 14 條中的措施，以防止非法行為危及船舶及乘客與船員安全，並在 1986 年 9 月，海安會批准(MSC/Circ.) 443 條的措施， 以防止非法行為危及船舶上乘客和船員安全，用意在於對於郵輪從事國際航行 24 小時或以上以及港口設施可以安全使用。

二、制止非法行為(SUA)1988 年公約

其中提到須要一個更完善的規劃來面對阿基萊勞倫事件，國際海事組織最終要求制訂一項公約，是有關於違反海上航行安全等不法行為，並在 1988 年列為航行

安全的規範，本公約主要目的是制止非法行為，並確保採取適當行動以對付非法行為船隻，其中包括用武力扣押船舶，利用暴力方式登上船隻，並摧毀或損壞船隻相關設備，該條約責成締約政府必須引渡或起訴被指控罪犯。

三、修訂 1988 年(SUA)公約

在 2005 年國際海事組織通過了修正案，以擴大規模來起訴和引渡海上非法行為，這項決議是源於 A.924(22)條，其中規範要求審查的措施和程序，以防止恐怖主義行為危及乘客和船員的安全，修訂 SUA 公約存在的目的在補充 ISPS 規則提供了法律依據，一旦恐怖襲擊發生可以逮捕和拘留以及引渡恐怖分子。

四、海上人命安全國際公約修訂（SOLAS 公約）

修改第五章（航行安全）並重新安排海上人命安全國際公約第十一章（特別措施以加強海上安全）。

五、修改第五章（航行安全）

條例 19（導航系統和設備），重新規畫一個新的時間表，為修改過後的船舶自動識別系統(AIS)，在各種船除客船和油輪外，300 總噸及以上，小於 50,000 總噸將須符合認可機講不得遲於第一次安全設備檢驗，2004 年 7 月 1 日或 2004 年 12 月 31 日發生者為準，為保障航海資料安全，船舶裝有認可機構之設備應確定該機構仍在正常運作，並且要符合規定。

六、船舶自動識別系統(AIS)

自動提供當下資訊並傳輸資料予岸台設施，其中包括船舶的船籍、船舶種類、位置、速度及航行狀態，以及有關航行安全相關信息，並且確保可自動接收來自他船之相關資訊，並同時監測和追蹤船舶以及與岸上的基地設施交換數據資料。

七、1974 年 SOLAS 公約 2002 年修正案

原第 XI 章（加強海事安全之特別措施）重新編號為第 XI-1 章，修正規則 3（船舶識別碼）要求所有 100 總噸及以上之客船，以及 300 總噸及以上之貨船，最

遲於 2004 年 7 月 1 日以後之第一次塢驗時，應將 IMO 船舶編號(IMO1234567)永久標記在船艉或船舯外板可見之處，若為客輪則在空中可清楚辨識，其字體高度應不小於 200mm；以及機艙端部隔艙壁或貨艙口或液貨船之泵浦間內或 RO-RO 艙之一個端部隔艙壁之易於接近之部位，其字體高度應不小於 100mm。

另外新增規則 5 連續概要紀錄，要求每一艘客船，以及 500 總噸及以上之貨船於 2004 年 7 月 1 日起均應由主管機關用 IMO 制定之格式以英文及官方語言發給「連續概要紀錄」並保存於船上隨時可供檢查，該「連續概要紀錄」是指在船上提供一份船舶歷史紀錄，其內容至少包括船旗國國名、註冊日期、船舶識別碼、船名、船籍港、船東及其登記地址、船級協會以及簽發 DOC、SMC 及 ISSC 之機構等資訊，並適時更新。

八、SOLAS 新增第 XI-2 章（加強海事保全之特別措施）

（一）規則 1 定義

1. 船及港介面活動

係指當船舶受到往來於人員、貨物移動或港口服務提供等活動之直接和密切影響時發生之交互活動。

2. 港口設施

由締約國政府或由指定當局確定之發生船及港介面活動之場所，其中包括錨地、等候停泊區和進港航道等區域。

3. 船對船活動

係指涉及物品或人員從一船向另一船轉移之任何與港口設施無關之活動。

4. 指定當局

係指在締約國政府內所確定之負責從港口設施之角度確保實施本章涉及港口設施保全和船及港介面活動規定之機構或主管機關。

5. 保全等級

係指企圖造成保全事件或發生保全事件之風險級別劃分。

6. 保全聲明

　　係指船舶與作為其介面活動之港口設施或其他船舶之間達成之協議，規定各自將實行之保全措施。

7. 認可保全機構

　　係指經授權展開本章或 ISPS 章程 A 部分所提出要求之評估，或驗證、認可或發證等活動，具備適當保全專長並具備適當船舶和港口操作方面知識之機構。

（二）規則 2 適用範圍

　　SOLAS 公約第 XI-2 章適用於以下各類從事國際航行之船舶：

1. 客船包括高速客船。

2. 500 總噸及以上之貨船包括高速貨船。

3. 移動式海上鑽井平台；和為此類國際航行船舶服務之港口設施。

　　不適用於軍艦、海軍輔助船或由締約國政府擁有或經營並僅用於政府非商業性服務之其他船舶。

（三）規則 3 締約國政府之保全義務

　　主管機關應為懸掛其國旗之船舶規定保全等級並確保向其提供保全等級方面之資訊。當保全等級發生變化時，保全等級資訊應根據情況予以更新。

　　締約國政府應為其境內之港口設施和進入其港口前之船舶或在其港口內之船舶規定保全等級，並確保向其提供保全等級方面之資訊。當保全等級發生變化時，應根據情況對保全等級資訊予以更新。

（四）規則 4 對公司和船舶之要求

　　公司應符合本章和 ISPS 章程 A 部分之相關要求，並考慮到 ISPS 章程 B 部分提供之指導。

　　船舶應符合本章和 ISPS 章程 A 部分之相關要求，並考慮到 ISPS 章程 B 部分提供之指導，對此種符合應按 ISPS 章程 A 部分之規定予以驗證和發證。

船舶在進入締約國境內之港口之前或在締約國境內之港口期間,如果締約國政府規定之保全等級高於該船主管機關為其規定之保全等級,船舶應符合締約國規定之保全等級要求。(保全等級由締約國政府決定)

船舶應對改為更高之保全等級作出回應,不得有不當延誤。

(五)規則 5 公司之具體責任

公司應確保船長在船上始終有資料可供締約國政府正式授權之官員用以確定:

1. 誰負責指派船員或當前該船業務上所雇用或工作之其他人員。

2. 誰負責決定船舶之使用。

3. 如果船舶按租船合同之條款使用,誰是租船合同之各方。

(六)規則 6 船舶保全警報系統

所有船舶應按以下規定裝設船舶保全警報系統:

1. 在 2004 年 7 月 1 日或以後建造之船舶。

2. 在 2004 年 7 月 1 日前建造之客船,包括高速客船,不遲於 2004 年 7 月 1 日以後之第一次無線電設備檢驗。

3. 在 2004 年 7 月 1 日前建造之 500 總噸及以上之油船、化學品液貨船、氣體運輸船、散裝船和高速貨船,不遲於 2004 年 7 月 1 日以後之第一次無線電設備檢驗。

4. 在 2004 年 7 月 1 日前建造之 500 總噸及以上之其他貨船和移動式海上鑽井平台,不遲於 2006 年 7 月 1 日以後之第一次無線電設備檢驗。

船舶保全警報系統啟動後應:

1. 開始向主管機關指定之主管當局,在此情況下可包括公司,發送船對岸保全警報,確定船舶身分、船位並指出該船之保全狀況受到威脅或已受到危害。

2. 不向任何其他船舶發送船舶保全警報。

3. 不在船上發出任何警報。

4. 持續發送船舶保全警報直到解除和／或復歸。

　　船舶保全警報系統應：

1. 能從駕駛室和至少一個其他位置啟動。

2. 遵從不低於本組織通過之性能標準（MSC.136-76 決議案）。

　　船舶保全警報系統啟動點應能防止誤發船舶保全警報，只要符合本條之所有要求，可以透過使用符合第 IV 章要求之無線電設備以符合船舶保全警報系統之要求。

　　當主管機關收到船舶保全警報通知時，主管機關應立即通知船舶當時所在位置附近之國家，當締約國政府從非懸掛其國旗之船舶收到船舶保全警報通知時，締約國政府應立即通知有關主管機關，並在適當情況下通知船舶當時所在位置附近之國家。

（七）規則 7 對船舶之威脅

　　締約國政府應為在其領海內營運或已向其通報進入其領海意圖之船舶規定保全等級並確保向其提供保全等級資訊。

　　締約國政府應提供一個聯絡點，上述船舶能夠通過該聯絡點請求諮詢或協助並報告關於船舶動向或通信之任何保全問題。

　　如果確定了存在受到襲擊之風險，相關締約國政府應將以下情況告知有關船舶及其主管機關：

1. 當前之保全等級。

2. 按照 ISPS 章程 A 部分之規定，相關船舶為防備受到襲擊而應採取之任何保全措施。

3. 沿岸國已決定採取之保全措施。

（八）規則 8 船長對船舶安全和保全之決定權

　　船長依照其專業判斷而作出或執行為維護船舶安全或保全所必需之決定，應不受公司、承租人或任何他人之約束。這包括拒絕人員（經確認之締約國政府正式授權之人員除外）或其物品上船和拒絕裝貨，包括貨櫃或其他封閉之貨運單元。

如果依照船長之專業判斷在船舶操作中出現適用於該船之安全和保全要求之間發生衝突之情況，船長應執行為維護船舶安全所必須之要求。

（九）規則 9 管制和符合措施

本章所適用之每一條船在另一締約國政府之港口內時，均應受到該國政府正式授權官員之管制，該官員可以是行使第 1/19 條所規定職責之同一官員。除有明確理由相信船舶不符合本章或 ISPS 章程 A 部分之要求外，此種管制應限於驗證船上有根據 ISPS 章程 A 部分規定簽發之有效「國際船舶保全證書」或有效「臨時國際船舶保全證書」該證書如像有效，則應予承認。

如果有明確理由，或者不能按要求出示有效證書，締約國政府正式授權之官員應對船舶採取管制措施如下：檢查船舶、延遲船期、扣留船舶、限制操作（包括限制在港內移動）、或將船舶驅逐出港。此類管制措施還可輔以其他較輕之行政或矯正措施，或由其他較輕之行政或矯正措施代替。

可能明確理由之實例可包括（如果相關）：

1. 在審查證書時取得之關於證書無效或已過期之證據。

2. 要求之保全設備文件或安排存在嚴重缺陷之證據或可靠資訊。

3. 收到了報告或申訴，根據正式授權官員之職業判斷，報告和申訴包含了明確指出船舶不符合要求之可靠資訊。

4. 正式授權官員透過職業判斷所取得關於船長或船舶人員不熟悉關鍵之船上保全程序或不能展開與船舶保全有關之演練或未履行該程序或演練之證據或發現。

5. 正式授權官員透過職業判斷取得關於船舶人員中之關鍵成員不能與任何其他船舶人員中負有船上保全責任之關鍵成員建立正常通信之證據或發現。

6. 關於船舶在某一港口設施或從另一船舶接納人員上船、裝載了物料或貨物，而該港口設施或其他船舶違反 7 第 XI-2 章或本章程 A 部分，且該船舶沒有填寫「保全聲明」，也沒有採取適當的、特別的或附加的措施或沒有維持適當的船上保全程序之證據或可靠資訊。

7. 關於船舶在某一港口設施或從另一來源，（例如另一船舶或直升飛機轉送）接納人員上船、裝載了物料或貨物，而該港口設施或其他來源不要求符合第 Xl-2 章或本章程 A 部分，且該船舶沒有採取適當的、特別的或附加的措施或沒有維持適當的船上保全程序之證據或可靠資訊。

8. 如果船舶持有連續簽發之「臨時國際船舶保全證書」，並且根據正式授權官員之職業判斷，如果船舶或公司申請此種證書之目的之一是為了躲避完全符合第 XI-2 章或本章程 A 部分之要求。

擬進入另一締約國港口之船舶：

為避免對船舶採取管制措施或步驟之必要性，締約國政府可以要求擬進入其港口之船舶在進港之前向該締約國政府正式授權之官員提供以下資訊，以確保符合本章之要求：

1. 船舶之有效證書及證書簽發機關名稱。

2. 船舶當前營運所處之保全等級。

3. 船舶在其所停靠之前 10 個港口設施之時間段內，曾進行船／港介面活動之任何港口內時船舶所處之保全等級。

4. 船舶在其所停靠之前 10 個港口設施之時間段內，曾進行船／港介面活動之任何港口內時，船舶所採取之任何特別或附加保全措施。

5. 在其所停靠之前 10 個港口設施之時間段內，船舶在任何船對船活動中維持之船舶保全程序。

6. 與保全有關之其他實際資訊（但非船舶保全計畫之細節），並考慮到 ISPS 章程 B 部分提供之指導。

船長可以拒絕提供該資訊，但須明白不提供該資訊可能導致拒絕該船進港。

（十）規則 10 對港口設施之要求

港口設施應符合本章和 ISPS 章程 A 部分之相關要求，並考慮到 ISPS 章程 B 部分提供之指導。

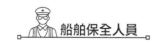

在其境內擁有適用本條之港口設施之締約國政府應確保：

1. 按照 ISPS 章程 A 部分之規定，展開港口設施保全評估，並對其予以評審和認可。

2. 按照 ISPS 章程 A 部分立規定制訂、審查、認可並實施港口設施保全計畫。締約國政府應指定並通報港口設施保全計畫所應涉及之各保全等級之對應措施，包括在何時要求提交保全聲明。

（十一）規則 11 替代保全協定

締約國政府在實施本章和 ISPS 章程 A 部分時，可以與其他締約國政府就其境內港口設施之間之短途固定航線國際航行之替代保全安排達成雙邊或多邊書面協定。

此類協定範圍以內之船舶不得與協定範圍以外之任何船舶進行船對船活動。

對此類協定應予以定期審查，審查時要考慮到所取得之經驗以及特定情況發生之變化或對協定範圍以內之船舶、港口設施或航線之保全所受威脅之評估。

（十二）規則 12 等效保全安排

主管機關可以允許懸掛其國旗之某一特定船舶或一組船舶實施等效於本章或 ISPS 章程 A 部分所述措施之其他保全措施，但此類保全措施至少須與本章或 ISPS 章程 A 部分所述措施同樣有效。

締約國政府在實施本章和 ISPS 章程 A 部分時，可以允許其境內之某一特定港口設施或一組港口設施（根據第 11 條達成之協定範圍以內之港口設施除外）實施等效於本章或 ISPS 章程 A 部分所述措施之保全措施，但此類保全措施至少須與本章或 ISPS 章程 A 部分所述措施同樣有效。

（十三）規則 13 資料之送交

締約國政府應不遲於 2004 年 7 月 1 日將以下資料送交 IMO 並應使公司和船舶能夠得到這些資料：

1. 負責船舶和港口設施保全事宜之國家（各）當局之名稱和詳細聯繫方式。

2. 經認可之港口設施保全計畫在其領土內所涵蓋之地點。

3. 被指定全天接收船對岸保全警報和針對警報採取行動之人員之姓名和詳細聯繫方式。

4. 被指定全天接收實施管制和符合措施之締約國政府任何消息之人員之姓名和詳細聯繫方式。

5. 被指定全天為船舶提供諮詢或協助以及船舶能夠向其報告任何保全問題之人員之姓名和詳細聯繫方式，並在此類資料以後發生變他時更新該資料。

　　締約國政府應不遲於 2004 年 7 月 1 日將其所授權代其行事之任何認可保全機構之名稱和詳細聯繫方式，以及一份關於其境內港口設施之已認可之港口設施保全計畫，以及每份已認可之港口設施保全計畫所涵蓋地點和相應認可日期之清單送交 IMO。

3-2 船舶保全官的職責

一、適任之要求

　　船舶保全官係由公司指定之船上負責船舶保全之人員，該員負責對船上有關保全事件之處理並對船長負責，包含實施並維護「船舶保全計畫」，並且與公司保全官和港口設施保全官進行協調聯繫，根據 STCW 國際公約 2010 年修正案表 A-VI/5 規定，船舶保全官須達到以下之適任條件標準，分述如下：

（一）保持與監督船舶保全計畫之實施

1. 落實海上船舶保全政策，以及政府、公司或指定人員對於保全責任之知識熟悉，其中包括與海盜及武裝搶劫有關問題之處理。

2. 熟悉船舶保全相關計畫程序及完整紀錄之保持，同時不定期更新目前海盜及武裝恐怖分子攻擊商船之最新資訊。

3. 配合公司年度船舶保全計畫實施與報告事故之處理程序。

4. 對於有關海上保全等級評估及泊靠期間與港口設施安全維護之共同保全措施與作為。

5. 履行有關船舶保全計畫之審查，包括內部稽核、現場檢查與監視及控制各項保全活動等程序之要求。

6. 向公司保全官提報內部稽核及保全檢查期間所發現之任何不符合事項與缺陷之要求。

7. 有關修改船舶保全計畫之方法與步驟。

8. 定義有關海上保全術語與工作上之知識。

（二）須認知船上保全之風險及弱點與威脅

1. 有關風險評估與評估方式之常識。

2. 簽發有關保全評估文件及保全聲明之能力。

3. 熟悉有關用以防止保全威脅之措施，包括了解海盜及武裝搶劫分子慣用之登輪方式。

4. 不因地域、人種、膚色及社會文化之差異，而已既定印象來看待保全事件發生的機率，而是須以客觀方式來分析對保全可能有潛在之風險。

5. 基本的武器辨識及危險物質的危害性所能造成損壞之知識。

6. 有關對群眾管理與控制技術之知識。

7. 處理有關保全之機敏資訊及與保全有關通信之能力。

8. 有關與岸上部門協調與實施搜查之相關知能。

9. 進行人身安全檢查以及具備相關以非侵入性檢查技巧之知識。

（三）實施船舶例行性檢查，確保保全措施得以落實執行

1. 具有相關進入船舶監控區域內必要知識。

2. 熟悉進入船舶與船上限制區域內之規定。

3. 如何有效監控船舶甲板區與船舶周圍區域方法之技巧。

4. 協調與船上其他人員與港口設施保全人員處理有關貨物與船舶物料之方式。

5. 具備管制在船人員及其物品上下船方式之技巧。

（四）確保正確之操作、測試與校準保全設備與系統

1. 了解有關船上各種保全設備與系統使用上限制，以確保發生海盜及武裝搶劫事件時，有相關系統及設備可以使用。

2. 熟悉有關船舶保全警示系統使用說明及操作程序指南。

3. 測試與維護有關保全警示系統的方法與知識，特別是在海上航行的情況時。

（五）提升保全意識觀念與警覺性

1. 對於如何有效防止海盜及武裝恐怖分子攻擊之有關國際公約、章程及 IMO 等通告之規定，包括訓練與操演等相關知識。

2. 加強船上保全意識訓練與提升警覺性方法之知識。

3. 評估有關演習或訓練成效方法之能力。

　　在船上被指定有防止海盜攻擊或武裝搶劫等相關活動之船員，如船長、船副、水手、舵工等其他負有船舶保全職責的船員，根據 STCW 國際公約 2010 年修正案第 A-VI/6-2 之規定，應有的職責和責任具體敘述如下：

1. 熟知船舶保全方面相關規範與要求。

2. 熟悉本船保全應急計畫內容，確保事件發生時之應變反應程序。

3. 了解本船保全應急計畫部署，並執行在不同保全等級狀況下履行各項職責。

4. 暸解現行規避保全措施的相關方式。

5. 辨識潛在船舶保全風險及威脅。

6. 認真且務實的去履行自己的保全職責，並協助保持船舶保全計畫所規定之狀態。

7. 定期參加有關船舶保全與安全檢查之活動。

8. 正確的使用及維護船舶保全系統與設備。

另一項重點是，如果船長不是船舶保全官，則必須在船上指定一位專責人員來負責船舶保全工作，除了上述職責和責任外，無論在任何時候，船長負有對船舶的安全與保全最終責任，同時也賦予船長有絕對的處置權力。

負責船上保全職責與責任之人員，應充分了解「船舶保全計畫」中之相關規定，並應考慮到 ISPS 章程 B 篇部分所提供的指導，並需具備應有的知識與能力來執行其職責。(ISPS 章程 A 篇-13.3)包括分析以下事項：

1. 暸解當下的保全威脅及其特徵。

2. 能辨識與搜查武器、危險物品與裝置擺放之位置。

3. 研判威脅船舶保全者可能之特點和行為模式。

4. 慣用於逃避船舶保全措施之可能方法。

5. 群眾管理、掌握與安置等技巧。

6. 有關保全通信聯繫要點與反應時機之掌握。

7. 熟悉應急作業程序與計畫。

8. 保全設備和系統之操作保養與維護。

9. 對於人員與隨身行李檢查，以及其他物品與船舶物料等之清點方式之實施。

二、各級保全人員之職責

（一）公司保全官(CSO)

公司應指派一名公司保全官，被指派之人員可作為一艘或數艘船之公司保全官，視公司所經營之船舶數量或類型而定，但須明確指定此人所負責之船舶，公司視其所經營之船舶數量或類型，可指定數人作為公司保全官，但須明確指定每人所負責之船舶。(ISPS 章程 A 篇-11.1)

公司保全官之職責和責任應包括但不限於以下內容：(ISPS 章程 A 篇-11.2)

1. 利用適當之保全評估和其他相關資訊，就船舶可能遇到威脅之等級提出建議。

2. 確保船舶保全評估得以實施。

3. 確保「船舶保全計畫」得以制訂、提交認可以及隨後得以實施和維護。

4. 確保對「船舶保全計畫」進行適當修改，以矯正缺陷並符合各船之保全要求。

5. 安排對保全行為活動進行內部稽核作業和審查。

6. 安排由主管機關或認可保全機構對船舶進行初次和後續之驗證。

7. 迅速解決並處理有關內部稽核、定期審查、保全檢查之缺陷和不符合事項。

8. 加強保全意識和警覺性。

9. 確保負責船舶保全之人員完成相關之訓練。

10. 確保船舶保全官和港口設施保全官之間能進行有效溝通與合作機制。

11. 確保船舶保全與船舶安全之要求之共同一致性。

12. 若採用了船隊中同型船之保全計畫，應確保每條船之計畫均準確反映該船特性之具體資訊。

13. 確保為特定船舶或另一船舶而認可之任何替代或等效安排得以實施和保持。

　　公司保全員應考慮到 ISPS 章程 B 篇部分提供的指導，應具備知識並接受訓練。（ISPS 章程 A 篇-13.1）

　　公司保全官須確保所負責的每一艘船須符合 SOLAS 國際公約第 XI-2 章和 ISPS 章程 A 篇之船舶保全評估(SSA)，儘管公司保全官並不必親自履行與其職責範圍相關的所有工作，但他們仍然負有最終責任。（ISPS 章程 B 篇-8.1）

　　在執行船舶保全評估之前，公司保全官應確保充分利用現有船舶靠泊資訊與人員上下船時之威脅評估，公司保全官應研究以前關於類似保全需要的報告，在可行時公司保全官應與船上和港口設施的適當人員會面，討論評估的目的和方法，公司保全官應遵從締約國政府所提供的具體指導。（ISPS 章程 B 篇-8.2）

　　如果船舶保全評估不是由公司（外部單位）來執行，船舶保全評估報告結果應由公司保全官審查並接受。（ISPS 章程 B 篇-8.13）

　　公司保全官有責任提交「船舶保全計畫」，並獲得相關單位的批准後確保得以實施，每份「船舶保全計畫」的內容視其所涉及的具體船舶有所不同。船舶保全評

估應已確定船舶的特點和潛在威脅。在制訂「船舶保全計畫」時需要詳細處理這些特點，主管機關可為「船舶保全計畫」的制訂及內容提供建議。（ISPS 章程 B 篇-9.1）

就適用 ISPS 章程 A 篇部分的每艘船舶而言，被指定負責該船的公司保全官的職責應確保進行船舶保全評估，並為船舶制訂「船舶保全計畫」以提交主管機關或其代表予以批准，並確認該計畫已送至船上並予妥善保管。（ISPS 章程 B 篇-1.10）

公司保全官和船舶保全官應監督計畫的持續相關性和有效性，包括執行獨立的內部審核，對已批准計畫中有任何項目需要修改，如果主管機關決定需要再重新評估審核，必須在計畫實施前提交審查和批准。（ISPS 章程 B 篇-1.12）

公司保全官應確保船舶保全評估是由具備有適當能力的人員來執行，並按照本節的規定考慮到 ISPS 章程 B 篇部分的指導。（ISPS 章程 A 篇-8.2）

公司保全官應在適當的時間（一年最少一次，兩次操演時間間隔不超過 18 個月）來進行船舶保全演習，確保有效協調和實施「船舶保全計畫」，並依照 ISPS 章程 B 篇部分提供的指導。（ISPS 章程 A 篇-13.5）

（二）船舶保全官(SSO)

在每艘船上均應指派一名船舶保全官，船舶保全官之職責和責任應包括但不限於（ISPS 章程 A 篇-12.1）的內容。

本部分規定的其他內容外，船舶保全官的責任還包括以下內容：（ISPS 章程 A 篇-12.2）

1. 承擔船舶定期保全檢查，以確保適當之保全措施得以保持。

2. 保持和監督「船舶保全計畫」之實施，包括對該計畫之任何修訂。

3. 與船上其他人員並與有關港口設施保全員協調貨物和船舶物料裝卸中之保全事項。

4. 對「船舶保全計畫」提出修改建議。

5. 向公司保全官報告內部稽核、定期審查、保全檢查和符合驗證期間所確認之缺陷和不符合事項，並採取任何矯正措施。

6. 加強船上保全意識和警覺性。

7. 能為船上人員提供充分之船舶保全實務訓練。

8. 報告所有相關之船舶保安事件。

9. 與公司保全官和港口設施保全官實施「船舶保全計畫」。

10. 船上如有相關之保全設備，應確保如何正確實施操作、測試與保養。

　　船舶保全官應監督計畫的持續相關性和有效性，包括執行獨立的內部審核，對已批准計畫中如有任何修改，如果主管機關決定需要再重新評估審核，必須在計畫實施前提交審查和批准。（ISPS 章程 B 篇-1.12）

　　船舶保全官應取得並記錄執行評估所需的資訊，包括：（ISPS 章程 B 篇-8.5）

1. 船舶總布置圖（GA 圖）。

2. 船舶限制區的位置，如駕駛台和 SOLAS 國際公約第 II-2 章所定義的 A 類機器處所（機艙控制室）和其他控制站（滅火站）。

3. 船舶各實際和潛在的進入點的位置。

4. 完成新上船人員基本保全熟悉訓練，新上船人員熟悉表如表 3-1 所示。

5. 貨物儲放空間和積載相關位置。

6. 船舶物料和船舶重要維修設備的存放位置。

7. 非隨身攜帶行李的擺放位置。

8. 維持重要設備運作之緊急和備援設備。

9. 對船員的人數及任何符合保全職責的人員對培訓要求實踐。

10. 用於保護乘客和船舶人員之現有保全及安全設備。

11. 為確保船舶在緊急時能安全緊急疏散而需保持的撤離和疏散路線以及集合站。

12. 與提供船舶及海上保全服務的私人保全公司簽訂之現有保全協議。

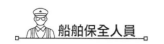

⚓ 表 3-1 新上船人員基本保全訓練熟悉檢查表(Familiarization of Basic Security Training For New Boarding Person)

姓名 Name of person：　　　　　　　　　　　　　職稱 Rank：

船名 Ship Name：	日期 Date：	港名 Port：
本人確已了解下列各項基本保全知識 I have realized the following items of basic security Knowledge:		
□1.船舶三個保全等級、六項保全措施及九大保全威脅。 Three security Levels, Six security measures and Nine Threats to ship.		
□2.船上保全設備布置圖。 Ship's layout of security equipment.		
□3.保全系統應急計畫與應急程序。 Contingency plans and contingency procedures for security system.		
□4.船上保全人員 SSP 內容概要。 SSP outline of contents.		
訓練主管簽證 Signature by The Chief of the Training		新上船人員簽名 Signature by new boarding person
船長／日期 Master/Date	船舶保全官／日期 SSO/Date	

說明：Note

1. 本表一式兩份，一份交給新上船人員留存，一份由船舶保全官存檔。

Keep this table in duplicate; one copy is kept by new boarding crew, the other is kept on board by SSO.

2. 訓練主管簽證前必須先施行基本保全訓練並以口頭詢問新上船人員，確實已熟悉上表各事項；新上船人員自行簽名確認。

Before signature, the chief of training should carry out basic security exercise and inquire new boarding person orally, to make sure he has realized all the items in this table. The new boarding person should also confirm by signature.

資料來源：交通部航港局安全與保全熟悉訓練指導手冊。

13. 現行有效的保全措施和程序，包括身分查驗、警戒和監視設備、人員身分證件與通信、警報、照明與進出控制和其他適當系統。

（三）港埠設施保全官(PFSO)

每個港口應指定一名港口設施保全官。可指定一人負責一個或多個港口設施之港口設施保全官。（ISPS 章程 A 篇-17.1）

港口設施保全官之職責和責任還應包括但不限於以下內容：（ISPS 章程 A 篇-17.2）

1. 結合相關之港口設施保全評估對港口設施進行初次全面保全檢驗。

2. 確保制訂和維護「港口設施保全計畫」。

3. 實施和執行「港口設施保全計畫」之操演。

4. 對港口設施進行定期保全檢查，以確保相關措施之維持。

5. 就「港口設施保全計畫」之修改提出建議並進行修改，同時改善缺陷，並以港口設施之相關調整再對本計畫實施更新。

6. 強化港口設施人員之保全意識和警覺性。

7. 確保負責港口設施保全之人員已完成充分之教育訓練。

8. 向有關當局報告危及港口設施保全之事件並保持相關紀錄。

9. 與公司和船舶保全官協調實施「港口設施保全計畫」。

10. 適時與提供保全服務之機構保持聯繫。

11. 確保負責港口設施保全之人員符合相關職務適任標準。

12. 岸上如有相關之保全設備，應確保如何正確實施操作、測試與保養。

13. 在接到請求時，必須協助船舶保全官確認登船人員身分。

應為港口設施保全官提供必要的支援，以便履行第 XI-2 章和章程 A 部分要求其承擔之職責和責任。（ISPS 章程 A 篇-17.3）

當港口設施保全官被告知船舶在符合第 XI-2 章或 ISPS 章程 A 篇部分的要求方面時，在實施「船舶保全計畫」所列的相關措施和程序方面遇到困難，以及在處於保全等級 3 的情況時，為其遵守所在領土的締約國政府發出的保全指令有困難情況下，港口設施保全官和船舶保全官應進行聯繫並協調適當的行動。（ISPS 章程 A 篇-14.5）

當港口設施保全官被告知船舶所處的保全等級高於港口設施的保全等級時，應將此事報告有關主管當局，在必要情況下應與船舶保全官取得聯繫，並採取適當之行動。（ISPS 章程 A 篇-14.6）

應考慮到 ISPS 章程 B 篇部分提供的指導，使港口設施保全官和適當的港口設施保全人員具備專業知識並完成相關訓練。（ISPS 章程 A 篇-18.1）

港口設施保全官應確保於規定時間內參加船舶保全演習，並能有效協調和實施「港口設施保全計畫」，並考慮到 ISPS 章程 B 篇部分提供的指導。（ISPS 章程 A 篇-18.4）

需要符合 SOLAS 國際公約第 XI-2 章和 ISPS 章程 A 篇要求的港口設施，應具備有締約國政府或指定當局所認可之「港口設施保全計畫」，並依照該計畫內容進行作業，包括對計畫的執行情況及完成內部審核程序。（ISPS 章程 B 篇-1.20）

SOLAS 國際公約第 XI-2 章和 ISPS 章程 A 篇部分要求締約國政府向國際海事組織提供某些資訊；以便使締約國政府之間、船公司、船舶保全官和船舶所靠港口設施的港口設施保全官之間能保持有效的通信聯絡。（ISPS 章程 B 篇-1.22）

公司保全官或船舶保全官應提早與將靠泊的港口設施保全官取得聯繫，以確定在該港口設施內適用於船舶的保全等級。在與船舶建立聯繫後，港口設施保全官應將有關港口設施保全等級的任何規定通知船上，並應向船上提供任何有關的保全資訊。（ISPS 章程 B 篇-4.11）

雖然可能會出現船舶營運所處的保全等級高於其所泊靠港口設施的保全等級的情況，但是無論如何不允許出現船舶的保全等級低於所泊靠港口設施保全等級的情況。如果船舶的保全等級高於港口設施的保全等級，公司保全官或船舶保全官應立即通知港口設施保全官。該港口設施保全官應與公司保全官或船舶保全官協商對有關情況作出評估並與船舶就適當的保全措施達成一致，包括填寫或簽署一份「保全聲明」。（ISPS 章程 B 篇-4.12）

在船舶或主管機關代表懸掛其船旗的船舶要求填寫「保全聲明」時，港口設施保全官或船舶保全官應對該請求作出回應，並與其討論適當的保全措施。（ISPS 章程 B 篇-5.2.1）

港口設施保全官在經已認可之保全評估後，針對所需特別注意的船舶或港內相關活動操作之前，港口設施保全官可以要求簽發一份「保全聲明」，這種狀況包括

乘客上下船舶、危險貨物或有害物質的接駁或裝卸。港口設施保全評估還可確定在人口密集地區或經濟上重要的作業位置或其附近的設施將要求有「保全聲明」。（ISPS 章程 B 篇-5.3）

在對於不願意或無法證明其身分及確定來訪人員之目的時，應拒絕其登輪，並應視情況向船舶保全官、公司保全官和港口設施保全官報告其人員欲登輪等情況。（ISPS 章程 B 篇-9.12）

三、各級保全人員之訓練

如實際情況可行時，公司保全官、港口設施保全官、締約國有關機構以及船舶保全官參加的各項演習應至少每年進行一次，兩次演習間隔不得超過 18 個月。這些演習應測試通信、協調、資源的可用性和反應。（ISPS 章程 B 篇-13.7）

這些演習可分為：

1. 全方位或實況演習。

2. 書面模擬或討論會。

3. 與其他演習（如搜救演習或應急反應操演）合併。

制訂「港口設施保全計畫」是港口設施保全官的職責，雖然港口設施保全官無需親自承擔所有與其職務相關的責任，但對於具體的情形負有最終責任。（ISPS 章程 B 篇-16.1）

在一些特殊情況下，如果船舶保全官對那些出於正當理由有登輪需要時，但對其所攜帶之人員證件產生相關質疑下，港口設施保全官應該給予協助。（ISPS 章程 B 篇-17.1）

港口設施保全官應視下列情況，須具備有關方面的知識並接受訓練：（ISPS 章程 B 篇-18.1）

1. 有關保全行政管理。

2. 了解相關國際公約、規則和建議書。

3. 熟悉相關政府法規和規定。

4. 其他保全單位的責任與功能。

5. 港口設施保全評估方式。

6. 船上和港口設施保全檢驗與檢查方法。

7. 船上和港口作業之條件。

8. 船上和港口設施之保全措施。

9. 應急反應準備及相對應之應急計畫。

10. 關於保全教育與訓練，著重在保全措施程序與技巧。

11. 處理保全機敏訊息及保全通信之處置。

12. 瞭解當前的保全威脅及其特徵。

13. 檢查與辨識武器、危險物質和裝置。

14. 在客觀的情況下，辨識可能威脅保全的特點和行為模式。

15. 了解有心人士用來逃避保全措施之行為。

16. 保全設備和系統以及操作限制。

17. 進行稽核、檢查、控制和監控之方法。

18. 搜身檢查與非侵入性之檢查技巧。

19. 保全訓練與操演，包括船岸進行聯合演練。

20. 對保全演練和演習進行評估。

 ## 3-3 群眾管理技巧

　　在 ISPS 規範中，群眾管理在於防患外來之個人或群眾對船舶之威脅、挾持、破壞等行為之發生，因而對如何防患未然及當上述行為發生時應如何處置，事先應具妥善之方案與對策，在管理上貨輪群眾管理與客輪群眾管理有所不同，如何達成有效之管理，常因時、因地、因情況而不同，故群眾管理必需隨機應變，心中常存各種情境與應變方案，方可確保個人、船舶與貨物之安全。

群眾管理之對象可分類為船員、旅客、碼頭工人、參訪者、供應商、貨物管理人員、檢驗人員等，總而言之，抱著害人之心不可有，但防人之心不可無之心態來對待登輪人員。

為達有效管理之效果，對於各種情境船員均應熟悉如何防範於未然，並經常透過操演模擬情境之訓練，使遭遇緊急情況時，應急作為就會集時浮現於腦海中，進而採取適當之行動。

對航程途中及沿海國之可能出現之保全事件，於開航前應有所瞭解，並在航行計畫中載明如何預防之方案與準備事項，並在海圖上標記，以及時採取適當之保全措施，使保全事件發生率減至最低。

抵港前對該港口保全現況之了解，提出針對該港口人員管理之方案，並給予船員適當之告知，檢查所有保全設備，依據港口保全等級，制訂保全巡邏路線與間隔，船員保全責任區之分配，船上管制區查核方案講解，各類識別證之規定與數量管制。

一、從攻擊行為因素探討

往往因為外界因素或從小生長環境之影響，或有特殊目的者等因素，致使對執行攻擊行為認為是理所當然之事，並等待時機成熟時，就持有正當理由去執行攻擊事件，相關原因分述如下：

（一）宗教信仰

有些宗教特別強調「排他性」，即對不同信仰者視為敵人，而有世仇之心態，如目前某些地區回教徒與基督徒間之衝突，回教徒不同教派間之衝突，故對各種宗教其本質應有基本之認識，是非常重要之事。

（二）愛國心

基於對國家之熱愛，為對國家表示忠心，當國家有難或受到他國侵略時，即負起保家衛國之責任，去執行國家付予之攻擊任務，為達成任務會採取各種不同之方法與手段。對這些人之行為相當難於應付，必需依賴外界資訊之協助，方能避免受到攻擊。

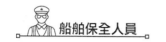
（三）為特殊目的者

這類人物應算是特殊利益之結合者，有組織之恐佈分子、黑社會幫派，有些人是為理想立國，如中東地區之巴勒斯坦；有些是想要革命，如某些地區之武裝地下組織；有些完全為金錢，如黑幫分子或組織性殺手；公海上攻擊者多數為金錢及特殊貨物而採取行動，港口內攻擊者多數為政治目的。

二、從人性本質因素探討

不論從人性本善或本惡而言，人一生下來就其有其基本人性，再加上後天教育、交友、生長環境之影響，而起本質上不同之變化，即所謂近朱者赤，可知後天影響之大。茲分述如下：

（一）具善心、愛心人性本質者

受良好正規教育者、在溫馨家庭成長者、深刻受宗教行善信仰影響者，基本上均不會有害人之行為出現，更不會有攻擊他人之行為，只會付出心力去勸阻不良行為之發生。

（二）隨波逐流人性本質者

這種人自主性差，容易受別人的行為模式影響，一旦周遭有行為偏差的朋友就易誤入歧途，做了一些不好的事而不自知，但如果身邊有正面能量的人時，對團體生活及職場工作氣氛的提升未嘗是一種幫助。

（三）具賭性人性本質者

古人有云：「十賭九輸」，為債務所迫而去做傷天害理之事者處處皆有，時時要注意周遭是否有這種人，必須防患而遠離之，則可獲得自身之安全，喜歡打賭之人，若被有心人利用，往往是危險分子，應多加注意不與交往。

（四）具不良習性人性本質者

這種習性與生俱來者少，多數為後天染得居多，如吸毒者、好色者、好金錢遊戲者、好戲弄他人者、好欺騙他人者等；這類人往往會不自主地去傷害他人而不自知，可知是多麼危險。

（五）貪得無厭人性本質者

　　這類人會為達目的而不擇手段，其心機甚深，不動聲色，其行為往往是事出突然難於預防，真所謂防不勝防最為頭痛，其最終目的，有的是為權勢，有的是為利益，挾持船舶與殺人的可能性甚高。

（六）心中充滿仇恨人性者

　　這類人多在成長過程中，受到極不尋常事件的感染，形成心理變態的潛在意識。一當不尋常情境出現時，就會不自主地做出攻擊他人來自衛，如長期在家暴環境中長大成人者、聲色場所環境下成長者、受欺壓環境下成長者，社會中這類人比比皆是。

三、不同群眾之管理

　　與船舶有關之群眾，如船員、旅客、港口作業人員、供應商、檢查人員、參訪者、船舶修理者等，對上述群眾若管理良好，當可確保船舶與人員之安全，以達群眾管理最理想之目的。茲分述如下：

（一）船員之管理

　　目前國際海事組織擬建立船員晶片身分識別卡，到達每一港口時可查明該船員之身分，晶片內應包括：身體特徵、照片、國籍、宗教、指紋、經歷、犯罪紀錄、其他必備之資訊等；ISPS 港口檢查人員會攜帶讀晶片機以瞭解該船員是否安全，當查明全體船員均無保全疑慮時，方准許貨載作業及人員登岸。

（二）旅客

　　由登輪之港口國，在售票時執行必要之身分查明，證明該旅客無保全問題，登輪時再次查明持船票者即為購票者，對隨身行李作必要之檢查或暫時留置，詳細檢查後再放行，可疑但無直接證明有保全疑慮者，應通知船上之船舶保全官，以利船上保全官加強留意，以防保全事件發生。

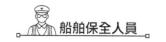

（三）港口作業人員

包括碼頭工人、理貨人員、掃洗艙人員、貨物繫固人員等，這些人員之過濾責任，歸屬港口單位及包商顧主，船上對這些人員劃定活動範圍，絕不允許越界活動，一發現即刻能有效制止。

（四）供應商

船上採購或代理行代購物料、配件、伙食時，必須向登記有案之合格供應商採購，送船時必先查對供貨清單與訂購清單完全符合，方得開始驗收並收貨。

（五）檢查人員

是指公證行、驗艙人員、非代表當局執行檢查之人員等，這些人員必須佩帶港口當局所簽發具照片之有效證件，經查驗後方得登輪，並同時檢查其隨身所攜帶之物品或檢查有關之用品。

（六）參訪者

經向港口當局申請並核准之參訪者登輪時，船方必須查詢其登輪之目的，在無保全疑慮下，檢查證件與隨身物品後方准登輪，先對參訪人員說明應遵守事項後，派船員引導依一定路線參訪，參訪完畢在離船時，要清點人數及查明攜帶物品與登輪時相符。

四、船舶保全官如何執行群眾管理

主要管理對象是船員與在港口登輪人員，茲分述如下：

（一）船員之管理

1. 船員任務之分配

在船上船員會依不同職務賦予不同之保全任務，並執行與保全有關之檢查、巡邏、當值等必要之任務，船舶開航前必須針對全船所有區域進行檢查，確認所負責之責任區域內安全無虞，並完成相關之紀錄。船舶開航前總搜查表如表 3-2 所示。

⚓ 表 3-2 船舶開航前總搜查表

區域名稱 AREA NAME	責任 REPONSIBILITY	標示 MARKED	檢查時間 TIME CHECKED	註解 NOTES
甲板和住艙 Deck & Accommodation				
主甲板 UPPER DECK	2/O			
第一層駕駛甲板 No. 1 BRIDGE DECK	A/B(A)			
第二層駕駛甲板 No. 2 BRIDGE DECK	A/B(B)			
第三層駕駛甲板 No. 3 BRIDGE DECK	A/B(C)			
第四層駕駛甲板 No. 4 BRIDGE DECK	A/B(D)			
駕駛甲板 NAV. BRIDGE DECK	3/O			
羅經甲板 COMPASS BR.DECK	3/O			
機艙　ENGINE ROOM				
主機 ENGINE	2/E			
機艙控制室 ENG. CONTROL RM	2/E			
物料間 1 ENGINE STORES	4/E			
電器間 ELEC. STORE	3/E			
配件間 1 SPARE PARTS SPACE	4/E			
配件間 2 PARE PARTS SPACE	NO.1M/M			
配件間 3 SPARE PARTS SPACE	NO.1M/M			
機艙辦公室 WORK SHOP	M/M			
其他 OTHERS				
舵機房 STEERING GEAR RM	CRPT			
水手長司多間 BOSUN STORE	BSN			

資料來源：自行繪製。

2. 上船之熟悉訓練

針對船上各種可能遇到之保全狀況，訂出不同情境之操演腳本，並執行實際演練，操演後開會檢討缺失，並提出改進策略，以求得最完善之效果與成果。

3. 船員之平時考核

船員日常生活現況是否異常，登岸後其行為是否怪異，時常有不合常理之言談，對現況不滿並發表批評，與同仁間相處是否和諧，是否盡心執行本身職責，當發現有異狀時，船舶保全員必需即刻深入了解，切勿拖延導致保全事故發生。

4. 新上船人員之認識

在人員上船後，應於最短期間內與他進行面談，使之對其家庭背景及交友情形能有初步的了解，再從公司所提供之資料中，作為爾後參考之依據。

5. 定期關心與輔導

了解工作上所遇到之困難，或與同事相處間之情形，從中了解有無遇到瓶頸，身心狀況及家庭是否有問題等，盡可能協助解決其問題，使其安心工作，自然就不會發生因不滿現狀或受外界誘惑，去做出不利於船舶保全之相關事件，此時船舶保全官就如同心理輔導員角色，在溝通過程中，特別留意

有否被外界利誘、色誘、威脅的可能性，以期能早日發現亦可對船員本身的傷害亦可減至最小。

6. 返船人員行李檢查

在公司的船舶保全計畫中應會規定需落實執行，故所有船員回船後必需接受檢查，避免日後產生有違禁品等不必要之問題產生。

7. 船員親友登輪拜訪

不論朋友或家屬，除須具有登輪許可證明外，必需由當事人出具保證書後，再經船舶保全官准許方可將朋友或家屬交予船員進行探訪行為，在離船時必須在船員陪同下到達舷梯位置，在接受必要的檢查後方可離船。

（二）在港口登輪人員之管理

針對上船工作之港口人員作適當之管理，分述如下：

1. 識別證之辨識區分

當不同身分之人員登輪時，發給不同顏色之識別證，船員一看證件就知其工作性質及活動範圍以利管理，識別證必需以工作人員本身之證件來換取以利控管，離船時再以證換回，藉此可管制人員在船人數。

2. 訪客登輪之人員管理

首先了解訪客登輪之目的後，再通知當值船副、大副或船長，得到允許後方可引導至該處所與洽談人員會面，離開時陪同人員應隨時在旁，直至離開船上為止。

3. 貨載作業人員之管理

這些人員會經常在任何時間上下船，但不論次數多少，均依第一上船時之手續執行例行檢查與換證手續，不要因為熟悉或一時方便而省略這些手續，這將違反公司保全政策。

4. 拒絕與本輪工作無關之人員登輪

這些人也許持有合法有效證件，但其工作性質與本輪無關時勿讓其登輪。

5. 官方執行公務人員之管理

包括海關、移民局官員、檢疫人員、港埠設施保全官及其他執行公務之官員，在登輪時，同樣需執行必要之證件查核、隨身物品之查看，在登記並換證後，通知相關人員接待，離船時亦由相關船員陪同至舷梯，辦理離船換證手續。

6. 登輪進入限制區修理人員之管理

如進入駕駛台修理航儀或機艙修理機器者，執行人員除檢查證件外，應對其攜帶工具及工具箱實施檢查，並告知應遵守之事項，人員必須在全程監控下進行修理工作，並限制修理人員在船上之活動範圍。

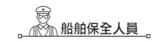

7. 加油加水人員之管理

　　除依檢查程序執行檢查外，要加強加油船或加水船靠泊舷側之巡邏，以防無關人員利用這些船當作跳板乘機登輪，當解纜離開後，船邊要作詳細巡視，確保無保全疑慮。

五、不同船舶類型之群眾管理

（一）一般貨輪之群眾管理

　　包括各式散裝貨船、貨櫃船及雜貨船等，分述如下：

1. 船員之管理

　　這類船舶其船員人數較少，彼此間均相互認識，船員之掌控容易，但必需明確劃分個人之保全責任區及保全任務，要求並考核是否盡心盡力去執行與完成，要求船員不得任意進入非本身職務相關之管制區，重視貨艙區之巡查及做必要之紀錄，定期舉行保全訓練與操演，以加強保全意識。

2. 港口人員之管理

　　讓船員深刻知道對港口人員管理之重要性，若有疏忽對保全造成之傷害程度，必需了解不同對象之管理方式，避免造成困擾而影響靠泊作業及貨載作業。抵港前由船舶保全員召開會議，講解目的港之保全現況及應採取之因應措施，並與港口保全官聯繫取得更多更完整之保全資料，作為管理之參考。

（二）油品貨船之群眾管理

　　包括油輪、化學品船、液化氣體船等，除一般貨輪之群眾管理外，因屬載運危險品應加強下述管理項目：

1. 標示需明確

　　管制區之標示必需清晰，制定進入限制區管理規則，讓人員能加強對港口人員必要之管制。

2. 資訊需公開

公布危險品對環境及人員之傷害宣導資訊，並應採取相關之防護措施，且定期實施訓練意外事件之處置要領及急救程序。

3. 管理需落實

嚴格檢查登輪人員之穿著、攜帶之作業工具及物品，以防產生靜電或火花而引燃危險品，確保物品不會與貨品產生變化而變質，引起貨物損壞。

（三）客輪之群眾管理

客輪最重要的是旅客之管理，要使旅客有個愉快且舒適的航程，在現有規定的情況下，使旅客不受外其他因素干擾而致敗興而歸，以下為管理的相關要點；分述如下：

1. 旅客環境熟悉

大部分旅客皆可能第一次搭乘客輪，對於船上相關之規定均不熟悉，所以必須在公共場所及客房內公告「旅客須知」，以供旅客遵守，必須讓旅客知道其活動範圍，不同等級艙位之旅客有不同之活動範圍，必須以容易識別之標示來規範，使旅客一看就能清楚。

2. 限制規定說明

例如駕駛台及機艙等船舶重要設施、處所皆為船上限制區域，所以在限制區外應清楚標示，「非請勿入」、「船員專用」、「船員住艙區」、「非相關職務船員不得進入」等警語，並以常用文字公告（英文為必須之語言），讓所有旅客均能了解。

3. 標示清晰易懂

各樓層均應以易於識別的指引來標示船舶的動線，舉凡至甲板、餐廳、洗手間、集合站及逃生路線之指示，避免迷失位置及方向而造成不必要之困擾。

4. 責任分工檢查

各甲板層及各區均須完成船員管理編組，並負責來引導旅客等相關服務，以適時提醒旅客不得進入管制區及做出危險性與破壞公物等行為，並協助公共設施之使

用及排解旅客間之糾紛，對相關固定式求生及救火設備是否保持良好，無任何短缺或遺失等情形。

5. 監控設備使用

輔以監控系統監視所有場所之現況，及早發現任何可能發生危險或保全事故的等情形存在，並適時以廣播系統告知旅客最新資訊使旅客安心。

6. 落實保全訓練

上船後要對旅客舉辦保全講習，並使其熟悉保全編組及保全操演事項，以防保全事故發生時，旅客慌亂失序，造成意外事故，尤其在事件發生當下，要求旅客應保持安靜不慌張，並聽從相關人員引導至避難場所或在房間內保持安靜。

7. 物品管制檢查

為過濾旅客於上岸期間是否有攜帶違禁物品返船，在其進入船舶內部之前要對其隨身攜帶物品作適當之檢查，檢查期間須注意旅客之言行舉止及反應，如有可疑須立即報告船舶保全官實施進一步檢查。

8. 可疑現象分析

注意旅客在船之行為，觀察是否有行為異常，例如試圖進入管制區、發表不當言論、私下與人交談或不斷向船員打聽船舶設施之有關訊息者。

六、群眾在危急時之心理狀態

客船上船員的數量要遠比旅客少得多，各種潛在的混亂行為與意外事件也在考驗他們的反應，為處理緊急情況以及可能進行的疏散行動，須要求船員（尤其為事務部人員）要具備豐富的知識，並在訓練有素的情況下，有效發揮引導及相關之行為措施。

（一）一般人員在壓力下心理行為

緊急情況將對人的心理產生不同程度的影響，即使平日有進行模擬操演，但在真實遇到緊急狀況時仍然會造成恐慌，進而會做出錯誤判斷及相關非理性之行為，因此在對旅客進行管理中，船員應從旅客角度去分析可能做出的反應，選擇出正確

的應急措施與旅客的指引，以避免船員自身情緒影響進而導致不必要的恐慌等行為。

（二）專業能力利於提高管理效果

人們通常在緊急情況時，對於專業人員的依賴性相對會提高，此時指揮者的言行將左右其行為及心理反應，人們不僅會聽從指揮還會自願提供相關協助，因此在緊急情況下，船員的行為非常重要，而責任感及專業能力也是維持船員克服壓力、情緒控制及理性等行為之依據。

船員臨危不亂的行為同時還能引響旅客，使他們在危機情況下願意提供協助，這樣不僅有助於減緩心理壓力，而且對危機處理也有很大幫助，並可產生較好的人群管理效果。因此，船員應經常訓練群眾管理之技巧，以提升旅客對船員之信任感，並可有效率來執行各項狀況之處置。

七、機敏性訊息之處理

船舶保全機敏訊息系指有關船舶保全方面的重要信息，一旦洩漏或遺失將會對船舶造成重大的保全威脅。實務上不同船型、不同航運環境下，船舶保全機敏訊息亦不盡相同，其機敏性資訊和資料可包括如下：

1. 有關保全計畫、船舶各類應急措施資訊。

2. 相關脆弱性評估報告與資訊。

3. 保全設備的技術性規格及安裝位置。

4. 保全設備中限制性資訊之讀取。

5. 船舶收發及保管機敏性之電文等。

6. 有關船上限制區域之圖示與資料。

7. 相關重要關鍵設備之操作與說明。

8. 安全艙設置地點及重要通道指引。

9. 船舶載運特殊貨物及物料之訊息。

10. 影響船舶保全任何其他機敏訊息。

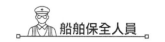

當船舶有上述之機敏保全訊息時，應遵守下列原則並謹慎處理：

1. 船舶保全機敏訊息通常不應向其他方公開，船旗國相關檢驗官員和經授權的保全組織檢查人員除外。

2. 船舶及公司內部人員對保全機敏訊息的了解程度通常由公司保全官、船舶保全官或船長來決定。

3. 船舶保全官為船舶保全直接業務負責人，相關保全機敏訊息通常應向船舶保全官報告並由其發佈或處理。

4. 隨時保持基本保全意識和警覺，並採取防止所了解的保全機敏訊息洩漏或遺失的措施。

5. 確實執行自身保全相關職責，收集可能影響船舶保全的機密訊息。

6. 發現任何可能的保全威脅機敏性訊息應立即報告。

3-4　保全訓練與操演

為了保證船舶保全計畫能有效實施，並確保所有船員都能履行他們的保全職責，船舶保全官依據訓練項目，召集船上所有人員實施操演訓練，藉由狀況演練及實境模擬來加深其印象，以作為應變能力之基礎，以下將分述年度內之操演項目內容，需依照每月規定項目實施操演並完成相關紀錄，如表3-3所示。

⚓ 表3-3 年度保全訓練操演檢查表

年度保全訓練操演計畫表(Crew Security Training and Drill Plan)

項目/實施月份	一月	二月	三月	四月	五月	六月	七月	八月	九月	十月	十一月	十二月
訓練課程 Training												
基本的保全意識訓練 Basic Security Concept	○	○	○	○	○	○	○	○	○	○	○	○
保全設備維護保養 Security Equirment Maintenance	○	○	○	○	○	○	○	○	○	○	○	○

⚓ 表 3-3 年度保全訓練操演檢查表（續）

年度保全訓練操演計畫表(Crew Security Training and Drill Plan)

項目/實施月份	一月	二月	三月	四月	五月	六月	七月	八月	九月	十月	十一月	十二月
保全計畫訓練 SSP Training	◯	◯	◯	◯	◯	◯	◯	◯	◯	◯	◯	◯
應急計畫操演項目 Possible contingency plan												
炸彈威脅之行動 Action on Bomb threat		● 2/1										
發現炸彈或可疑包裹 Action on discovery of weapon,bomb or suspect package			● 3/5									
船舶搜查之行動 Action on Searching the ship				● 4/7								
建立搜查計畫 Establishing a search plan					● 5/8							
船舶的撤離 Evacuation of the veaael						● 6/10						
對劫持者或敵對者上船之行動 Action on hijacking or hostile boarding							● 7/12					
非法移民／偷渡之行動 Action on illegal immigrant/stowaway								● 8/5				
船員未返船之行動 Action on crew failing to return to ship									● 9/8			
收到"Mayday"求救／難民 呼叫信號之行動 Action on receipt of a "Mayday" call/refugees										● 10/2		

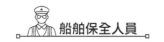

⚓ 表 3-3　年度保全訓練操演檢查表（續）

年度保全訓練操演計畫表(Crew Security Training and Drill Plan)

項目/實施月份	一月	二月	三月	四月	五月	六月	七月	八月	九月	十月	十一月	十二月
小艇攻擊／可疑船隻接近 Small craft attack/suspect vessel approach											● 11/6	
保全威脅和保全破壞行動 Action on a security threats and breach security												● 12/1

資料來源：自行整理。

一、炸彈威脅之行動(Action on bomb threat)

（一）處理爆裂物之程序

　　船舶面對爆裂物或縱火武器是不堪一擊的，而船舶確實有可能收到炸彈攻擊之威脅，船上人員應準備處理這些事件，重要的是要儘量掌握訊息並完成以下程序：

1. 炸彈威脅

(1) 假如船上收到炸彈威脅，不論威脅是否合法，船舶保全員有責任就其所收到的訊息做出決定，並連繫通知相關當局。

(2) 所有船員必須明白這種威脅反應之演練，例如船舶搜查、疏散程序等。

2. 化學品威脅：（同炸彈威脅處理方式）

（二）一個炸彈能以多種方法偽裝，它能利用以下方法安置或交付

1. 伴隨在客運車、貨運車或其他車輛中。

2. 在未申報貨物中。

3. 由乘客攜帶上船，或前航次所留下的定時器。

4. 在手推車之行李內。

5. 隱藏在船舶物料內。

6. 在港內由岸上工人或承包商人員攜帶上船。

7. 由潛水夫安置在船底。（長榮貨櫃船案例）

（三）假使有炸彈威脅，接到電話者必須詢問以下問題

1. 何時炸彈引爆？

2. 炸彈在何處？

3. 炸彈外形像什麼？

4. 什麼類型炸彈？

5. 什麼會引起爆炸？

6. 是否由你安置炸彈？

7. 為什麼？

8. 你從哪裡來電話？

9. 你的訴求是什麼？

10. 你的名字？

　　再依照炸彈威脅檢查表之相關內容，逐一完成各項資料之填寫，如表 3-4 所示。

⚓ 表 3-4 炸彈威脅檢查表

項目(Details Required)	內容(Details Received)
通話詳情	
通話時間和日期	
接到電話的船上人員之姓名	
通話者和組織之姓名	
炸彈爆炸時間	
炸彈數量	

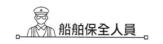

⚓ 表 3-4 炸彈威脅檢查表（續）

項目(Details Required)	內容(Details Received)
炸彈位置	
炸彈外形描述	
炸彈的類型	
放置炸彈目的	
通話者的語言	
通話者之口音／姓別／年齡／種族	
對船舶、人員、貨物及環境之威脅程度	
已通知那些單位與人員	
後續之行動作為	

資料來源：高雄海洋科技大學船舶保全人員訓練講義。

二、發現武器、炸或可疑包裹之行動(Action on discovery of weapon, Bomb or suspect package)

不論任何情況下，所有人不得碰觸或移動可疑爆裂物或包裹，發現可疑物品應立即報告，盡可能簡單描述，並遵從以下指示：

1. 確認(Confirm)

以警覺和一般常識目視方式確認。

2. 淨空(Clear)

淨空區域內之全部人員，含可疑物品附近區域所有東西。

3. 警戒(Cordon)

對可疑物品區域實施警戒，為避免發生危險任何人不得通行與進入。

4. 管制(Control)

聯繫有關當局，盡可能告知所有資訊，包含可疑包裹的外觀、尺寸、顏色及其他附加任何連結物或電線及在船上的位置，並持續管制現場直到相關技術處理人員抵達。

（一）一般的炸彈搜索常規

1. 建議由熟悉該區域的人員進行炸彈搜索，進行搜索時，搜索人員應注意在該區域內任何新的或不正常的事物，試著記住前一天看到的任何東西，或在該區域內出現的任何不正常的任何人。

2. 任何懷疑的情況應立即報告駕駛台，報告人應詳實報告所有情況，這樣就不會有錯誤信息被使用，不可使用無線電通信，以免產生干擾。

3. 當駕駛台收到經證實的有關懷疑的項目或包裹的報告，船長將決定採取何行動，包括有關從該區域中撤出。

4. 如果有懷疑的項目或包裹被發現時，應採取以下措施：
   (1) 不要試圖移動或用任何方法干擾。
   (2) 不要澆水。
   (3) 使用床墊或沙包使爆炸影響減到最小，但不要蓋住它。
   (4) 可考慮關閉有關防火門，使爆炸的影響減到最小。
   (5) 評估可能有一個以上的炸彈存在。
   (6) 通知公司或專業人士有關炸彈的描述和位置。
   (7) 如果在海上，駛向經同意救助的港口。

（二）發現武器及爆裂物之行動

1. 對可疑之簡易爆炸裝置(IED)，不可採取處理行動。

2. 當發現武器或爆裂物時，應將此發現儘速報告船舶保全官。

3. 船舶保全官必須針對船舶、船員、乘客以及貨物實施風險評估，慎重考慮主要優先順序。

4. 必須盡力確保不引起船員或旅客驚慌或混亂。

（三）在港內初步程序

1. 船長和部門主管評估威脅。

2. 通知港口設施保全員和所有相關船舶代理公司。

3. 停止作業。

4. 緊閉所有艙櫃跟水密艙間

5. 不要觸接或企圖打開物品，正確地保留在原處。

6. 向船長／船舶保全員／當值船副報告其位置／通知公司保全員和爆裂物處理小組。

7. 確實知道可疑物品的位置及其詳細描述。

8. 傳送描述資料至爆裂物處理小組。

9. 準備啟動消防滅火系統，並關閉周圍四周的防火門。

10. 撤離和隔離鄰近區域。

11. 在包裹附近避免使用無線電，無線電頻率能量能引發起爆劑的突然爆炸（引爆雷管）。

（四）在海上初步程序

1. 船長和部門主管評估威脅。

2. 停止任何進行中的特別操作。

3. 通知所有相關的代理人（港口緊急連絡表）。

4. 不要觸摸或企圖打開物品，確實地保留在原處。

5. 向船長／船舶保全員／當值船副報告其位置／通知公司保全員。

6. 確實了解可疑物品的位置及其詳細描述，按描述表填寫和關閉此區域的防火門。

7. 緊閉所有艙櫃跟水密艙間。

8. 傳送相關資料回公司／爆裂物處理小組俾獲處理指導。

9. 準備啟動消防滅火系統，並關閉圍繞四周的防火門。

10. 撤離和隔離鄰近區域。

三、船舶搜查之行動(Action on searching the ship)

船長與船舶保全員負責制訂搜查程序，並應舉行操演，以確保這些計畫是有效且實際可行的，這些應包括：

1. 如何鑑別可疑的簡易爆炸裝置(IED)。

2. 如何處理可疑的簡易爆炸裝置(IED)。

由於現今 IED 並不是採用 TNT 等傳統爆裂物，而是在簡陋的化學實驗室使用工業化學物質製造，例如硝酸、硝酸銨、柴油及糖，因此可規避傳統爆裂物偵測技術，以及訓練有素的爆裂物偵蒐犬。軍方及民間應變人員機構，為此開始研究及迅速部署新型的可攜式鑑定系統，對抗目前 IED 的威脅，以下為搜查之具體要點。

1. 應依據具體的計畫施行搜查，必須謹慎地管制以確保實施一個完整的搜查。

2. 計畫應涵蓋所有選項及確保沒有重覆或疏漏之處。

3. 應有標示或記錄已搜查或淨空區域的規則。

4. 甲板和待搜查的區域應予以編號，如此當搜查或淨空時，能使這些要搜查的區域、空間和甲板完成檢查。

5. 搜查者應熟悉要搜查之區域，這將有助於留意到可疑物件。

6. 應建立搜查者向其報告之中央管制點。

7. 應訂出一個快速及全面的搜查計畫。

8. 應當給與極短警告時間，在潛藏的炸彈引爆前，應快速搜查。

9. 離港前的搜查能確保在港期間沒有爆裂物、武器、偷渡客、毒品祕密地隱藏在船上。

四、建立搜查計畫之行動(Establishing a search plan)

在建立搜查計畫以確保當需要時，該程序能快速及有效地實施，並定期演練以確保所有船員熟悉操作。

（一）在高風險區域或已收到具體的威脅訊息時應

1. 指定事件管制者船舶保全官(SSO)。

2. 指定事件管制點。

3. 使用 GA 圖建立要搜查區域之方向及優先順序。

4. 已淨空區域之報告及標記方法，船舶所有要搜查區域的通路，要以甲板及房間／艙間號碼編定代碼。

5. 每個要搜查區域，應指定搜查小組組長。

6. 搜查小組，應配置 1~2 人。

7. 在搜查中，勿使用 UHF 或 VHF 無線電話。

8. 勿假設僅有存在一個「可疑物品」，應繼續搜查直到全船搜查完畢。

9. 集中所有未參與的人員，如果可能集中於撤離點附近。

10. 搜查應分隔高度作多重的掃視。

11. 初次檢視應涵蓋地板至腰部之所有項目。

12. 第二次檢視應涵蓋腰部至局部高度。

13. 第三次檢視應涵蓋局部高度至天花板。

14. 最後檢視應含蓋配燈、通風及橫過天花板之管路。

15. 房間作過水平分割後，也應作垂直分割為兩部份。

16. 一條假想線劃過房間中央到達遠處牆上的參考點，搜查小組分開檢視房間相反兩邊的每樣東西，然後回到房間中央線的起點。

（二）發現可疑處應

在搜查中應對任何可疑或不尋常之事務保持警覺，下列現象如有發現須特別留意：

1. 貼布膠帶碎片。

2. 碎屑或鋸末。

3. 電線。

4. 鬆脫的板子。

5. 撬開的跡象或螺絲起子痕跡。

6. 釣魚線、掛圖線或絲線。

7. 半開半掩的房門或櫥櫃。

8. 艙蓋、蓋子或通風上的鎖、螺絲、或螺釘不在原處。

五、船舶的撤離(Evacuation of the vessel)

（一）在港內撤離程序

1. 發布

船長依責權發布撤離命令，並透過廣播系統傳達現場爆破員有關方面的訊息，如時間允許，重要文件將由船長置於安全地方。

2. 撤離

(1) 船舶撤離將由現場爆破員(BSO)與港口設施保全員(PFSO)依發生事件時決定撤離的路線。

(2) 由現場爆破員或港口設施保全官，依發生事件評估決定撤離人員至少遠離威脅區 300 呎以上的安全區。

(3) 依爆破處理員的判斷來決定任務關鍵人留在現場。

(4) 現場爆破處理員授權允許爆破團隊，得以進入已淨空的場所。

（二）在海上撤離程序

船員將透過廣播系統通知至緊急站集合，等待撤離命令，如果船的一舷已遭破壞，則通知船員移至另一舷。

（三）報告程序

現場爆破處理員將根據威脅情況作撤離的初步報告，而船長向公司保全員報告意外事件後續情形，也由各組依船長搜查表將搜查結果作成書面報告。

六、對劫持者或敵對者上船之行動(Action on hijacking or hostite boarding)

對不友善登輪事件之指導原則如下：

1. 保持冷靜並勸導其他人員冷靜。

2. 勿嘗試反抗武裝登輪者。

3. 依據當值常規繼續操作，確保船舶安全。

4. 如時機許可，傳送遇險訊息及啟動船舶保全警報系統。

5. 提供合理之配合行動。

6. 勿對凌辱與侵犯反駁。

7. 闖入者不一定瞭解如何操作船舶之方式。

8. 嘗試和了解闖入者之需要及他們來自何處。

9. 切勿試圖了解劫持者要求及測試其底線。

10. 假設事件將會拖延，則拖延越久他們越可能在無傷害人質情形下結束。

11. 了解劫持者與人質之間建立理性的和諧，將可能減少恐怖分子作出攻擊人質粗暴舉動之機會。

12. 留意事件發展至某階段，恐怖分子將可能會與外部當局對話。

13. 促成與政府當局建立一個安全、直接交涉談判之管道。

14. 避免船員直接捲入談判，如果船員被迫參與，則僅做相關往來對話的傳遞。

15. 任何時刻盡可能建議劫持者和平地投降及勸止凌虐旅客或船員。

16. 同時也須注意，為了挽救生命及收回船舶，政府相關單位最後可能訴諸於軍事行動。

17. 當與外部當局對話前應尋找可能之機會，傳送劫持者的相關資訊，諸如：人數、特徵、性別、如何武裝、如何部署、如何互相連絡、動機、國籍、使用語言、他們的能力水準及警戒等級。

七、非法移民與偷渡(Illegal immigrant and stowaway)

（一）一般規定

雖然國際有關偷渡及非法移民的會議未有強制性的規定，但國際海事組織(IMO)已經提出相關建議與指導。

1. 如果非法移民或偷渡客，在搜查船舶時已被查出或已在公司的其他船舶發現時，下列的指導應列入考慮。

2. 偷渡客長時間待在船舶黑暗的船艙裡，將會引起他的恐懼和不安，甚至可能因為緊張而有暴力傾向，此時偷渡客也可能因處於船上封閉空間或危險區域而作出冒險動作。

3. 發現偷渡客待在此區域時，應立即通知船長和船舶保全員。(如果在危險區域，將偷渡客立即撤出)

4. 試圖與偷渡客建立溝通，如果不能了解他的語言，可能的話，以肢體語言來撫平其情緒。

5. 當協助人員抵達時，看緊偷渡客並帶他至船上安全的房間。

6. 確保偷渡客在有專人看管情況下。

7. 盡可能地了解偷渡客詳細資訊，並通知公司保全員。

8. 所有偷渡客均應依符合國際人權保護原則處理。

（二）港內保全措施

當船舶仍在港內而未遠離該國領海前，只要在船上所發現的任何人，被歸類於非法侵入之徒，而不被視為偷渡客或非法移民。因此，在港內應考慮採取下列措施：

1. 嚴格出入口管制措施。

2. 離港前的船舶搜查行動。

（三）處理程序

1. 在港內

(1) 通知船長或船舶保全官。

(2) 通知當地港口與國家的有關當局。

(3) 通知公司保全官。

(4) 檢查及搜查此區屬於個人或其他偷渡客的物品。

(5) 親自移交侵入者給有關當局。

2. 在海上

(1) 通知船長及船舶保全官。

(2) 如果可能查明偷渡者或非法移民者的國籍。

(3) 通知下一個港及上一個港的有關當局。

(4) 偷渡客經由公司保全官交涉安排，移交相關港口。

八、船員未返船的行動(Action on crewman failing to return to ship)

（一）一般規定

當船舶靠泊碼頭或錨泊期間，經船長的核准，船員可以離船上岸，如經許可離船之船員，需依規定將離船日期、時間及欲前往之處所登記於「船員上下船登記簿」中。

（二）處理程序

梯口當值人員要管制人員上下船登記簿之填寫，當值船副要負責督導，如果發現有船員未返船時，應立即通知船長或船上保全官然後採取下列措施：

1. 經由緊急連絡名冊聯繫該船員。

2. 詢問在船其他船員。

3. 詢問該員家屬或親戚。

4. 查詢當地醫院。

5. 查詢當地警察局。

6. 通知船長及船舶保全官。

（三）判定失聯

如果在 1 小時內仍未有回應，船長、船舶保全官及當值船副將採取失聯方式處理。

（四）失聯處理程序

如果船員在應返船時間一個小時內未返船，當值船副仍無法聯絡該船員時，應採取以下行動：

1. 通知公司保全官。

2. 初步搜查該船員房間，查看有無異狀。

3. 如果船長覺得有需要，立即實施全船搜查。

4. 將所有處理經過回報公司保全官以獲得更進一步的協助。

九、收到 MAYDAY 求救或難民呼叫信號所採取之行動（Action on receipt of a MAYDAY call refugees）

（一）一般規定

有些地方的海盜，會利用緊急公用頻道廣播「DISTRESS」信號或發送「MAYDAY」的緊急求救信文，企圖引導目標船至海盜搶劫位置進行攻擊，在其他案例中，求救信號亦能誤導船舶進入非法難民區域，並企圖使用大型船舶搭載非法難民進入西方國家。

（二）回應措施

當在緊急頻道中聽到求救信號或看見求救火焰信號時，將執行下列的回應：

1. 執行海盜潛在威脅的程序。

2. 此階段不須立即回應。

3. 從呼叫者獲得所有需要資訊：

(1) 船舶位置及呼號。

(2) 所遭遇問題的詳細情形。

(3) 對小艇的描述。

(4) 在小艇的人數

(5) 任何更進一步資訊。

4. 通知海岸防衛機構和公司保全員，等待指示。

5. 如果從相關機構未得回應，船長將應依當下處境評估威脅，並依以下程序進行：

(1) 開往可觀察遇難船的區域。

(2) 評估當下處境。

(3) 確保現場所有保全措施。

(4) 然後船長將執行發現後與離開前之程序。

(5) 向公司保全員傳送所採行動的報告。

(6) 如果船上有旅客，他們必須先通過搜查然後安置於船上保全區域。

十、小艇攻擊／可疑船隻接近之行動(Action on a small craft attack/suspect vessel approach)

（一）在港區時

在港區泊靠或在外港錨泊時，可能會發生小艇武裝人員攻擊船隻事件，船舶本身既未武裝也不可能完成防衛此類攻擊，對企圖登輪和以小艇干擾施行下列措施：

1. 海盜較不喜歡以面對面方式相遇，如果發現到船上已有警覺並可能遇到抵抗時，將會有一半機率放棄登輪的念頭。

2. 在港內或錨泊中與港口設施保全員協商，將船舶安排於巡邏船艇可立即抵達的保全區內，並與巡邏船艇建立良好的無線電通訊。

3. 提升警戒等級加強瞭望。

（二）在海上時

假如在海上其他船舶以可疑或威脅姿態接近時：

1. 假如安全可行的話，增加速度或改變航向如"Z"字形航行。

2. 不要給其他船舶靠上船邊的機會。

3. 勿使用無線電、汽笛或廣播器作回應。

4. 保持甲板人上員淨空或隱匿。

5. 如果可能，留意該船詳細情形並拍照。

6. 在夜晚以探照燈直射接近船舶，同時關閉甲板上照明。

7. 向公司及所在地區之政府當局報告事件詳情。

8. 滅火皮龍管的水柱是制止闖入者攀爬上船的最好選擇，維須注意消防水的壓力以 6 公斤左右為最佳。

9. 假如驅離登輪者未能成功，必須使住艙區形成堅固之碉堡，確保所有船員與乘客在住艙內，鎖緊所有對外通道的門，將歹徒拒之其外。

10. 假如所採取之行動不足以抵擋闖入者，在闖入者上船前，發出遇險求救信號及啟動船舶保全警示系統。

十一、 保全威脅和保全破壞之行動(Action on security threats and a breach of security)

保全破壞即可能是威脅船舶保全之任何行動，破壞之嚴重性由所採取之行動決定，應藉由事件之報告來防止再度發生。這些船舶保全計畫之建議修正事項，應遞交公司保全員作為修正船舶保全計畫之依據，若相關威脅或破壞行為未採取行動，所有保全事件也應提出報告，事件報告項目如表 3-5 所示。

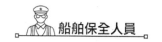

船舶保全人員

表 3-5 事件報告表

項目(Details Required)	內容(Details Recorded)
日期	
船名	
國籍	
船長姓名	
船位（經緯度）	
港口設施保全員姓名	
報告官員姓名	
船舶操作情形（裝貨／卸貨、加油、等待領港等）	
事件之日期、時間、位置	
事件描述	
參與之船員人數	
採取行動	
已通知那些單位與人員	
建議以何種措施阻止類似事件再度發生	

資料來源：高雄海洋科技大學船舶保全人員訓練講義。

（一）保全威脅

　　船舶所在地方的港口設施存在著保全威脅時，船舶將由主管機關或締約國政府通知保全等級 2 或 3，如果船舶在保全等級 1 營運時，船長或船舶保全員認為存在著保全威脅時，將採取適當行動減緩這些威脅，船長或船舶保全員也應向港口設施之主管機關或締約國政府報告有關威脅。

（二）保全破壞

　　發生保全破壞的場所，船長應考慮：

1. 啟動船舶警報系統。

2. 發布所有船員至緊急站集合。

3. 向港口設施的締約國報告。

4. 準備棄船。

5. 準備離開港口。

6. 遵照締約國發佈的說明。

7. 遵照應急措施之指導，是為了以下情形：

    (1) 劫持。

    (2) 炸彈威脅。

    (3) 船上發現可疑物品或爆裂物。

    (4) 炸彈威脅／損壞和破壞港口設施。

    (5) 海盜。

    (6) 偷渡。

 3-5　緊急事件準備及意外事故反應

　　一般在船上發生緊急突發事件時，船長的處置過程及命令下達，將決定是否能夠在最短的時間內得到有效的處理，在此除介紹船舶保全應變的一般程序及應變部署的介紹外，將在具體提出應變反應機制之要求。

一、船舶保全應變反應計畫

　　船舶保全計畫中有關船舶保全狀況受到威脅或破壞的應變反應的規定，是指船長、船舶保全官能夠提供處理船舶在遭遇保全威脅或相關危害時作出反應的程序，以確保能減少對人員、船舶及港口設施造成的損失。

（一）船舶保全應變的一般程序

　　當船舶發生保全事件或保全狀況受到威脅或破壞時，應變反應的一般程序為：

1. 船上任何人員發現有保全威脅或破壞保全之事件時，應立即向船舶保全官報告。

2. 船舶保全官接到報告後，立即對破壞事件進行調查與分析，若情況緊急，需立即召集船上所有人員說明情況，並要求所有人員提高警覺，回到工作崗位後仔細觀察周遭任何可疑之人、事、時、地、物，發現任何可疑立即回報。

3. 根據調查和分析結果後，召集船上重要幹部研擬應變行動。

4. 持續管制並禁止進入發生保全事件影響的區域。

5. 除應變小組人員外，其他人員需管制上船直到狀況解除。

6. 如有必要提升船舶保全等級到 3 時，應立即停止碼頭裝卸貨作業。

7. 除維持船上安全和保全措施所必需執行之工作外，暫停一切非重要性之作業，如船舶的設備保養維修和貨艙清理等工作等，以集中人員來應對突發狀況之處理。

8. 若經調查確認保全威脅事件的存在，應按應急作業程序書之要求，向附近船舶和岸上保全當局發出警告，並向公司保全官、港口國或沿岸國主管機關附近聯絡點當局報告。

9. 一旦確定保全事件威脅到本船或船上人員的安全，經評估撤離為較安全之方式時，可在港口設施保全當局的許可及監督下，優先撤離沒有負責保全工作的人員。

（二）船舶保全應變機構

1. 船長是船舶應變總指揮，根據現場情況指揮船員採取一切必要保全措施，必要時請求第三方支援。

2. 船舶保全官是船舶應變副總指揮，現場應變總指揮，負責向公司保全官報告和對外聯繫情形，當船長不在船或因故不能履行職責時，接替船長履行職責，並註明在船舶保全部署表中。

3. 大副是船舶應變現場總指揮官（除機艙外），水手長是船舶應變現場副指揮官，協助大副工作。

4. 輪機長是船舶機艙應變現場指揮官，協助船舶保全官工作，機匠長是船舶機艙搶救應變副指揮官，協助輪機長工作。

5. 全體船員在緊急情況時，聽從現場指揮官的命令，按各種應變操作所規定的各自職責執行任務。

二、各種狀況之應變反應程序

（一）對炸彈（爆炸物／不明物體）搜查時的應變程序

1. 船舶保全官應根據本船實際情形，將全船可能藏匿爆炸物品的部位，按部門職責分工劃分成若干個責任區，並落實到每個船員身上。

2. 收到炸彈威脅的情資或懷疑船上有炸彈需要進行搜索時，船長應召集船員簡要說明炸彈特徵及注意事項。

3. 船舶保全官應指派對該區域熟悉之人員進行搜查，以避免有遺漏地方。

4. 搜索人員如果發現可疑物件或包裹，必須馬上報告船舶保全官，船舶保全官並向公司及有關當局報告有關炸彈的形狀和位置等情況，並按其指令行事。

（二）船舶防海盜及武裝襲擊時的應變程序

1. 航行／錨泊於海盜出沒頻繁區域之前

(1) 船長應通過代理、港方等官方管道，搜集資訊，確定防範等級和應對方案，向全體船員預警並作出部署。

(2) 除保留單一安全進出口外，封閉所有通道，繫固錨鏈孔擋板，封閉所有貨艙道口。

(3) 擺進 Store 間的物品、備件及工具一律上鎖。

(4) 配妥通信器材（警鈴、廣播器、VHF）、求救信號和船上自備之防衛性器械，並準備好水龍帶及保證甲板用水隨時可供應。

(5) 甲板增派巡邏人員，駕駛台則嚴格加強值班瞭望。

2. 航行／錨泊於海盜出沒頻繁區域時

(1) 駕駛台增派瞭望人員協助監控船舶四周狀況，VHF 隨時保持守聽狀態。

(2) 夜間在不影響航行安全的情況下，要保證重要設施部位有足夠的照明，低速行駛或錨泊期間，可加裝臨時照明燈。

(3) 巡查期間務必確實抵達指定部位，並嚴密監視船舶四周海面的情況。

(4) 確保駕駛台與巡邏人員的通信聯絡暢通。

(5) 船長應謹慎處置海難求助等異常情況，必要時先向附近搜救協調中心(RCC)確認，避免海盜假借遇險船舶伺機登輪，如果船長最終決定有必要讓人員登輪，一次應以一人為限，上來的人應予仔細搜身。

(6) 航行中若聽見他船使用 VHF 呼叫並要求停俥，在無法確定他船的真實身分時不得停俥，並應持續保持較高船速航行。

(7) 當發現可疑船隻靠近並有拋擲繩索或欲攀登本輪時，駕駛台應迅速發布警報，於夜間時開啟探照燈輔助照明，以掌握可疑船隻確定位置，如屬可行應採取 Z 字型方式航行，設法阻止其登輪。

(8) 船舶啟動應變程序後，各員應立即進入應變部署位置進行防範。

(9) 立即透過船舶保全警示系統或衛星電話向公司回報，報告目前船舶所遇情況，並利用 VHF-16 頻道反復呼叫附近船舶或岸台請求協助。

(10) 持續加強四周瞭望，避免其他可疑小船接近。

(11) 海盜登輪後，應以保護自身安全為原則，除生命受到明顯威脅外，千萬不要抵抗武裝海盜。

　　船舶在遭遇海盜及武裝襲擊後，應將相關經過紀錄於航海日誌中，並以書面資料向公司提出報告，並在同時也需向附近搜救協調中心發一份報告，報告內容主要對襲擊者之詳細描述，包括：人員特徵、所攜武器種類、語言及人數等，以利附近沿海國當局方便進行追捕及查緝。

（三）船舶人員撤離時的應變程序

　　當船舶的保全狀況已嚴重到威脅人員的生命安全時，公司保全官應立即下達船長執行人員撤離船舶的指令，並由船長決定最佳的撤離時機。

1. 船長應召集所有船員下達撤離命令。

2. 二副必須在駕駛台守值無線電，並完成船長交代發送最後一封電文後始可離開。

3. 當船長發佈棄船警報後，依據棄船部署表內容所示，分別將航海及輪機日誌、船舶證書、重要文件及保全記錄、雙向無線電話、雷達詢答機(SART)、應急指位無線電信標(EPIRB)及必要的食品和毛毯等，到達指定地點集合。

4. 如果在狀態允許情況下，離船前應關閉船上所有的動力及電力設備，以及一些可能溢油的閥門。

5. 在清查人數確定全員到齊後，船長即可命令離船。

6. 如船舶配賦有手提式衛星電話時，在撤離後應立即與公司保全官、當地代理或港口設施保全官、公司駐外機構等保持聯繫。

（四）船舶發現偷渡人員時的應變程序

1. 如果在航行期間發現偷渡客時，應立即向船舶保全官回報，在與偷渡客接觸前需確定身上有無攜帶武器或有攻擊危險，待船舶保全官抵達現場後，再將偷渡客帶往船上獨立的房間（如蘇伊士運河房或理貨間），並分別安排人員看管，並立即報告公司保全官。

2. 立即對偷渡者進行詢問，初步確認其國籍身分、如何進入船舶及有無其他同伴等情況。

3. 船舶保全官再至現場實施蒐集及採證作業，並通知其他人員立即對船舶進行全面性的搜查，以避免還有其他人員藏匿其中，搜查後再將此事件報告公司保全官，並依照公司保全官指示處理後續事宜。

4. 船上應完成相關事件紀錄，並將資料歸檔存查。

（五）船舶發現毒品時的應變程序

1. 對發現現場進行拍照，並先將毒品移至安全且獨立的空間，在移動的過程中需注意全程攜帶手套，避免直接觸摸留下手印。

2. 船舶保全官應在此同時向公司保全官提出以下報告，包括發現毒品的時間、地點、種類、數量、外形包裝、發現人和現場證人等情況，並將照片作為佐證資料夾帶附件上傳至公司。

3. 船舶保全官應按公司保全官指示將事件的處置經過詳實記錄並歸檔。

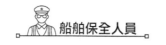

（六）可疑小艇以威脅方式接近本船時的應變程序

1. **發現有可疑小艇快速接近本船時**

    (1) 對可疑小艇持續進行雷達監控。

    (2) 在確保航行操作及貨物安全的情況下，加速並不斷改變航向，使小船無法靠近。

    (3) 對任何無線電、燈光及呼叫訊息不予回復，尤其當無法辨識他船的身分時。

    (4) 管制人員一律待在住艙內，並逐一檢查各通道的門窗是否需已上鎖。

    (5) 如有可能在安全的情況下，對他船進行錄影及拍照。

    (6) 在夜間除主要航行燈照明外，關閉主甲板所有燈光，如船上有配置探照燈設備，可直接照射小艇附近海面，以利駕駛台值班人員掌握小船動態。

    (7) 立即報告公司保全官並請求聯繫附近海事主管機關。

    (8) 甲板水龍帶應於事先準備及固定好，必要時開啟消防水以阻止小船靠近，切勿以人員在主甲板上操作以免發生危險。

    (9) 如果阻止小船靠近登輪失敗，除駕駛台留下必要之當值人員外，其他船員一律前往船上安全艙避難，並與駕駛台保持通訊暢通，以了解目前船舶狀況。

2. **應變情況紀錄**

    處置情況記入航海日誌及保全日誌等相關紀錄中，保全日誌如表 3-6 所示。並以書面資料向公司詳細報告。

3. **發生遇襲後報告**

    在船舶發生遇襲後向附近搜救協調中心發出一份報告，內容主要是本船遭遇攻擊經過以及船上人員及各項設備損壞情形，並對攻擊者做詳細的描述。

⚓ 表 3-6 船舶保全日誌

船　名 Ship's Name		開航港口 Sailed From		抵達港口 Arrival At	
航　次 Voyage No.		安全等級 Security Level	1	靠泊船席 Berth At	

年 Year	月 Month	日 Day	記事摘要 Event in brief
2017	09	05	At sea to take security measures level-1
~	09	14	在海上,保全等級-1
2017	09	08	1810 Entering the Piracy Area (Sibutu Passage)
			At sea to take security measures level-3 by security Bill and send HRA report to company
2017	09	09	0740 At sea to take security measures level-1 and send final HRA report to company
2017	09	14	0442 Arrived Port Walcott port facility security level-1 to
			take security measure according to ship security
2017	09	14	Anchor watch and gangway watch and security patrol as
~			directed , by SSO to take security measures.
			依 SSO 指示執行保全措施,拋錨當值及梯口當值及安全巡邏任務
2017	09	14	Security level-1 保全等級-1
2017	09	15	Cargo watch and gangway watch and security patrol as directed by SSO to take security measures.
2017	09	16	依 SSO 指示執行保全措施,裝貨當值及梯口當值及安全巡邏任務
2017	09	16	Security level-1 保全等級-1
2017	09	16	1700~1730 Completed "MASTER SEARCH CHECKLIST" before sailing 開航前完成"總搜查檢查表"
2017	09	16	2024 RFA for TAICHUNG ,TAIWAN

船舶保全員(SSO)：　　　　　　　　　　　　　船長(Master)：

資料來源：自行繪製。

MEMO:

CHAPTER **04**

船舶保全實施要點與應用

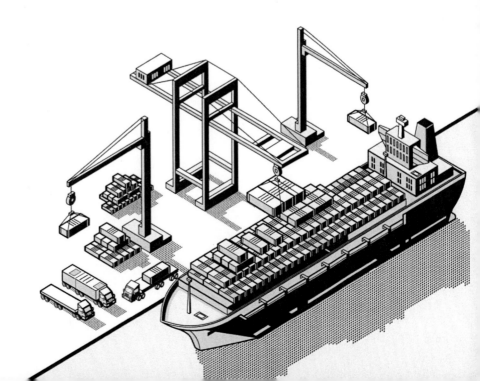

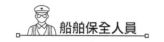

4-1　美國海岸防衛隊船舶檢查通告

　　隸屬在美國海岸防衛隊轄下之國家應變中心(National Response Center, NRC)，負責報告有關油類及品化學類、輻射汙染及生化物質在美國領域內之排放所造成之污染事件，並同時處理可疑恐怖行為及海事保全相關活動。美國海岸防衛隊的航行及船舶檢查通報(Navigation and Vessel Inspection Circulars, NVIC)10-02 的目的在建立船舶履行船舶保全評估(Ship Security Assessment, SSA)，並制訂船舶保全計畫(Ship Security Plan, SSP)、與港口設施介面及執行保全措施與程序，以降低乘客、船員、船舶及貨物之風險。主要通告如下：

一、航行及船舶檢查通報(NVIC 10-02)要點

（一）保全意識

　　船員應不斷了解自己所處環境狀況，他們是以防止船隻遭威脅與迫害並以維護安全為首要目的。

（二）防止措施

　　旨在防止未經授權並進入船舶管制區之措施，並防止有害物質、武器、炸藥等違禁物品進入船舶。

（三）威脅之反應

　　船員經由平時之訓練必須在遇狀況及威脅時，在能力範圍所及做出反應。

二、高風險的貨物(High Consequence Cargo)

1. 危險區分等級 1.1 或 1.2 之爆炸性物質，淨重在 5,000 公斤以上。

2. 危險區分等級 2.3 之吸入性有毒氣體物質，其淨重在 10,000 公斤以上。

3. 危險區分等級 6.1 之吸入性有毒液體物質，其淨重在 30,000 公斤以上。

4. 第七類之放射性物質，其數量管制之分裂性物質。

5. 危險區分等級 1.5 相容性 D 群且需要許可之爆炸性物質，其數量超過 40,000 公斤。

6. 散裝液貨需要以 TYPE l 船舶或貨物容器系統裝載者。

7. 散裝液化氣體貨，其有可燃性及或毒性者。

三、NVIC 10-02 海運保全(MARSEC)等級分類

1. 海運保全等級 1 相當於美國國土保安部(Homeland Security Advisory System, HSAS)風險等級低（綠色），警戒（藍色），提昇（黃色）。

2. 海運保全等級 2 相當於美國國土保安部(Homeland Security Advisory System, HSAS)風險等級高（橘色）。

3. 海運保全等級 3 相當於美國國土保安部(Homeland Security Advisory System, HSAS)風險等級嚴重（紅色）。

四、保全聲明(Declaration of Security, DoS)

　　保全聲明是由船舶／港口設施雙方共同簽署之協議，規定了雙方所應負之保全責任，以及雙方各自在規定的保全等級應採取的保全措施。簽署時機如下：

1. 船舶裝載高風險的貨物，不管任何海運保全等級，皆應在進行每一次港口裝卸作業時完成簽訂保全聲明。

2. 船舶經常停靠相同之港口時，如船舶與港口設施當局簽有書面同意書，清楚明述各船與港口之責任時，可不需要每次簽訂保全聲明。此項同意書應包含於船舶保全計畫及港口設施保全計畫。

五、船舶保全計畫(Ship Security Plan, SSP)

1. 船舶保全計畫應述明船舶保全評估所確定威脅之反應措施，包括三種保全等級之反應措施。

2. 當船舶處於擴大保養期間（例如塢修）或停止營運時，由於對乘客、船員、貨物、港口人員、港口基礎設施或環境之風險較低，故可考慮減少本通報所建議

之保全措施。船舶保全計畫中應述明將船舶安排保養期間以及恢復營運兩者之措施及過程。

六、通告建議事項

（一）限制區域之保全措施

1. 採取上鎖或封條方式防範入侵。

2. 站崗或巡邏方式，依等級不同增減巡邏次數。

3. 安裝 CCTV 監控。

4. 安裝感應器附燈光警示與聲響警報。

（二）進入船舶點之管制建議措施

1. 建立檢查、登記、換證、身分辨識等相關措施。

2. 建立保持單一登輪進出口之措施。

3. 有關逃生路線上之門不宜上鎖。

4. 有關物料儲存室與其他非緊急狀況使用儲存室，建議上鎖。

5. 對重要進出口，應採取巡邏方式以防非法進出。

（三）甲板與船舶四周之管制措施

1. 利用 CCTV 監控。

2. 不定時巡邏。

3. 加強甲板照明，必要時以探照燈不定時照射水面。

4. 在保全等級 3 時，建議簽署「保全聲明」，請港口單位執行海上巡邏。

（四）登輪人員與隨身行李之管制措施

1. 對登輪人員必需查明其登輪理由，且須出示相關身分證明文件與登輪許可證件。

2. 隨身行李、手提物品、個人用品（如工具箱）等，以防止攜帶非法物品登輪。

3. 在風險較高的港口水域，應向旅客說明注意事項及必要措施，以讓旅客在發生保全事件時，能保持冷靜。

4. 客輪上應嚴格區分「旅客活動區」及「船員活動區」。

5. 檢查方式視保全等級不同而採取不同手段，如目視、搜身、自我檢查、X 光透視、金屬探測或動物嗅覺等。

（五）貨物、船用物料與油料補充之管制措施

1. 查明散裝之貨物與船貨清單(manifest)相同。

2. 查明裝載之重櫃或空櫃編號與船貨清單相同。

3. 船用物料先對送貨單與公司核准之名單與數量是否相符，務必逐項清點，方能送船進入倉庫儲存。

4. 檢查方式採目視、X 光透視、金屬探測與動物嗅覺等。

（六）船舶／港口不同保全等級時之聯繫措施

1. 保持定時聯繫，以通告目前之保全現況。

2. 若發生突發事件時，船／岸間最有效聯繫方式與聯繫人員之指定，並註明在保全聲明內。

3. 必需具備用之聯繫裝置。

美國海岸防衛隊港口安全諮詢(Port Security Advisory(03-11))針對船舶前往美國評估未維持有效反恐措施之國家港口所應採取之必要措施，並適用於 2011/06/10 及以後抵達美國之船舶。由於美國海岸防衛隊發現科摩羅聯盟(Union of the Comoros)以及象牙海岸共和國(Republic of Cote d'Ivoire)未維持有效之反恐措施，而決定將其加入黑名單。

船舶最近所停靠之五個港口，若含有美國港口安全諮詢通報第 B 節所列國家（例外港口除外）者，船舶抵達美國後，美國海岸防衛隊將於海上登輪或檢查，以

確認前述通報之第 Cl-C5 節之保全措施船上已予採取。若船舶於黑名單國家港口未適當實施所要求之措施時，將導致延遲或拒絕進入美國水域之處分。

第 Cl-C5 節之保全措施乃為針對船舶駛往美國之前五港，若為黑名單所列國家／港口，所要求船上必須採取之行動，以作為進入美國之條件，但此附加要求條件，對於在黑名單國家註冊之船舶則無關連與影響。

所有船靠泊黑名單國家港口時，必須：

1. 依 SSP 採取等同保全等級 2 之保全措施。

2. 採取美國 USCG03-1 1 通報中第 C 節部份所列之要求行動，包含簽發保全聲明。

3. 船舶泊靠 USCG03-11 通報所列之黑名單港口時，不需要提升保全等級至 2，除非該港處於等級 2 之狀態或船舶主管機關通知提升至保全等級 2。

4. 美國海岸防衛隊瞭解在港口處於保全等級 1 時，船舶意固執行相當保全等級 2 之保全措施而欲簽發 DOS 所遭遇之可能負面效應與潛在問題，故簽發 DOS 時，海岸防衛隊接受 DOS 上註明保全等級 1，但於船舶紀錄中註明採取相當於保全等級 2 之保全措施。

船舶自進入美國水域之前 5 港，前往黑名單國家（例外港口除外）所應採取之措施，以作為進入美國水域之要求條件。(Actions required by vessels visiting countries affected.)

1. 依船舶保全計畫採取相當於保全等級 2 之保全措施。

2. 確保船舶所有入口皆已部署防護人員，防護人員須具有對船舶外部（陸側及海側）之全部範圍進行監控。防護人員可為：

   (1) 船員：需注意最低休息時數或最高工作時數之要求，必要時得加派船員。

   (2) 外部保全人員：須由船長及公司保全官所核准。

3. 實施保全聲明。

4. 於航海日誌記錄所有採取之保全行動。

5. 抵達美國前，需向美國海岸防衛隊之在港駐埠船長(Captain of the Port, COTP)報告所採取之措施。

六、船舶於美國港口所需採取之措施(Actions required by vessels in US ports)

在過去 5 港曾經前往泊靠黑名單國家港口之船舶，基於美國海岸防衛隊之登輪或檢查結果，在美國港口中可能被要求採取下列措施：

1. 確認船舶之每個入口部署武裝保全警衛保護，警衛須具有對船舶外部（陸側及海側）之全部範圍實施監控。

2. 警衛之數量及位置，必須能讓駐埠船長所接受。

3. 對於可展示良好之保全符合依據通報第 C1-C4 節採取措施並有紀錄者，正常情況下將免除武裝保全警衛之要求。

美國海岸防衛隊之航行及船舶檢查通報是常態性的，船公司之公司保全官應隨時上網查詢，若有新通報必須即刻通知船上，使其了解最新檢查規定、世界各地之保全現況及保全事件之發生與處理經過。

船公司／船舶租方應告知下一港口之保全現況與航線上可能出現之保全風險，船舶間在海上應互通訊息，相互告知航路中與港口停泊期間，所發生有關保全事件作為參考。

總而言之，保全訊息之通報對船上人員是非重要之訊息，一旦有了最新資訊在岸上保全人員分析研判後，應立即地採取適當之保全計畫，並告知船上全體同仁應如何執行保全措施，以確保本身生命安全、船貨安全。

4-2 船舶保全聲明與應用

保全聲明是由船舶及港口設施雙方從事活動共同所簽署之協議，其中規定了雙方所應負之保全責任，以及雙方各自在規定的保全等級應採取的保全措施，若港口設施或船舶認為有必要，就應該簽署「保全聲明」。

一、保全聲明之相關規定

1. 締約國政府應經評估船舶對港口設施或船舶對船舶間活動對人員、財產或環境造成之風險，以確認何時要求「保全聲明」。

2. 船舶在以下情況可要求填寫「保全聲明」：
   (1) 該船營運所處之保全等級高於港口設施，或另一船舶之保全等級。
   (2) 在締約國政府之間有涉及某些國際航線，或這些航線上之特定船舶關於「保全聲明」之協定。
   (3) 曾經有過涉及該船及該港口設施之保全威脅或保全事件。
   (4) 該船在於一個不需具有經認可之「港口設施保全計畫」之港口。
   (5) 該船與另一艘船不需經認可之「船舶保全計畫」之船對船活動。

3. 保全聲明應由以下各方來填寫：
   (1) 船長或船舶保全官，代表船舶以及在適當時機時。
   (2) 港口設施保全官，如果締約國政府另行決定，由負責岸上保全之任何其他機構代表港口設施。

4. 保全聲明應處理港口設施和船舶之間或船與船之間可同意之保全要求，並應說明各自之責任，「港口設施保全計畫」應詳細規定如果港口設施之保全等級低於船舶之保全等級，港口設施可採取之程序和保全措施（包含「保全聲明」的簽署），應詳細規定港口設施在以下情況經應用之程序和保全措施：
   (1) 與曾靠泊過非締約國政府港口之船舶發生相關活動。
   (2) 與 ISPS 章程不適用之船舶發生港口相關活動。
   (3) 與固定或浮動平台或移動式海上鑽井裝置發生有關活動。

   「港口設施保全計畫」應規定在接到締約國政府指示時，港口設施保全官要求「保全聲明」應遵守程序，或在船舶要求「保全聲明」時應遵守之程序。

二、保全聲明簽署時機

   船舶載運危險貨物時，不管任何保全等級，都應在每一次作業前完成保全聲明的簽署，船舶如經常停靠同一港口，且與港口設施有共同簽署書面同意書時，可以

不需要在每一次從事作業前簽訂保全聲明，此項同意書應包含於船舶保全計畫及港口設施保全計畫，下列各項為保全聲明簽署時機：

1. 港口設施及船舶均確認有實際需要時。

2. 一些需特別注意之船舶如客輪、油輪、化學液體船、氣體載運船或港內作業行為，如乘客登離船舶、緊急事故、危險貨物或有害物質之轉載或卸載，確有實際需要時等。

3. 當港口設施保全等級低於靠泊之船舶保全等級時，應簽署保全聲明。

4. 到港船舶曾發生保全事件或威脅，確認有需要時。

5. 到港船舶於港內作業期間因故保全等級提升時。

6. 到港船舶未符合 ISPS-Code 規定時，包括未備有船舶保全計畫或未指定船舶保全官等。

7. 船舶保全等級高於港口設施或到港船舶之保全等級為 3 時。，保全聲明格式如下所示。

保全聲明

DECLARATION OF SECURITY

船名 Name of Ship：	Ocean
船籍港 Port of Registry：	Panama
IMO 編號 IMO Number：	1234567
港口設施名稱 Name of Port Facility：	Wharves No.101, Port of Kaohsiung

本「保全聲明」之有效期自 2007/06/25 至 2007/06/25，涉及下列活動：

This Declaration of Security is valid from .... until ......, for the following activities:

（活動清單，包括細節）

(list the activities with relevant details)

所處保全等級 under the following security levels:

船舶保全等級： Security level(s) for the ship:	1
港口設施保全等級： Security level(s) for the port facility:	1

　　港口設施和船舶同意以下保全措施和責任，以確保符合「國際船舶和港口設施保全章程」A 部分之要求。

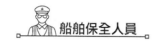

The port facility and ship agree to the following security measures and responsibilities to ensure compliance with the requirements of Part A of the International Code for the Security of Ships and of Port Facilities.

船舶保全員或港口設施保全員在本欄之簽名表示該活動將由其所代表之方面根據經認可之相關計畫完成。

The affixing of the initials of the SSO or PFSO under these columns indicates that the activity will be done, in accordance with relevant approved plan, by

活動： Activity:	港口設施： The port facility	船舶： The ship
確保履行所有保全職責 Ensuring the performance of all security duties	C.H. Hsieh	C.K. William
監視限制區域確保只有經認可人員才能進入 Monitoring restricted areas to ensure that only authorized personnel have access	C.H. Hsieh	C.K. William
對進入港口設施之控制 Controlling access to the port facility	C.H. Hsieh	C.K. William
對進入船舶之控制 Controlling access to the ship		C.K. William
監視港口設施，包括靠泊區和船舶周圍水域 Monitoring of the port facility, including berthing areas and areas surrounding the ship	C.H. Hsieh	C.K. William
監視船舶，包括靠泊區域和船舶周圍水域 Monitoring of the ship, including berthing areas and areas surrounding the ship	C.H. Hsieh	C.K. William
貨物裝卸 Handling of cargo	C.H. Hsieh	C.K. William
船舶物料交付 Delivery of ship's stores		C.K. William
非隨身行李裝卸 Handling unaccompanied baggage		C.K. William
控制人員及其物品上船 Controlling the embarkation of persons and their effects		C.K. William
確保船舶和港口之間之通信聯繫隨時可用 Ensuring that security communication is readily available between the ship and port facility	C.H. Hsieh	C.K. William

本協定之簽名人證明在具體活動中港口設施和船舶之保全措施和安排符合第 XI-2 章和本章程 A 部分之規定，並將根據其經認可計畫之規定或所同意之列於附件中之具體安排來實施。

The signatories to this agreement certify that security measures and arrangements for both the port facility and the ship during the specified activities meet the provisions of chapter XI-2 and Part A of Code that will be implemented in accordance with the provisions already stipulated in their approved plan or the specific arrangements agreed to and set out in the attached annex.

簽署日期＿＿＿＿＿＿＿＿＿＿＿＿地點＿＿＿＿＿＿＿＿＿＿＿＿

Dated at 2007/06/25 on wharf no. 101, Port of Kaohsiung.

代表簽名 Signed for and on behalf of：	
港口設施 the port facility： C.H. Hsieh	船舶 the ship： C.K. William
（港口設施保全員簽名）	（船長或船舶保全員簽名）
(Signature of Port Facility Security Officer)	(Signature of Master or Ship Security Officer)

簽名人姓名和職務 Name and title of person who signed	
姓名 Name：C.H. Hsieh	姓名 Name：C.K. William
職務 Title： PFSO	職務 Title：Master

聯繫細節 Contact Details： Phone no.03-9965-121	
港口設施方： for the port facility:	船舶方： for the ship:

港口設施 Port Facility 　　　　　　　　　　船長 Master：
　　　　　　　　　　　　　　　　　　　　　C.K. William

港口設施保全員 Port Facility Security Officer： 船舶保全員 Ship Security Officer：
C.H. Hsieh

　　　　　　　　　　　　　　　　　　　　　公司 Company
　　　　　　　　　　　　　　　　　　　　　公司保全員 Company Security Officer

三、保全聲明的應用

1. 保全聲明可由船長、船舶保全官、港口保全官提出簽署。

2. 律定船對岸之間聯繫方式。

　(1) 船岸同意之警鈴信號。

　(2) 保全等級通知管道暢通。

　(3) 船岸間保全現況之通報。

3. 規定人員身分及掃瞄檢查職責。

    (1) 旅客、船員、手提物件、隨身行李。

    (2) 船用物料、船貨、車輛。

4. 規定船舶與碼頭邊之檢查職責。

5. 規定船舷與海側之檢查職責。

6. 依據不同保全等級來執行不同保全措施。

7. 建立船岸保全事件處理機制,建立船岸間保全事件處協議。

8. 在船岸雙方均詳細閱讀後,並經相關職責人員簽署,並加註日期、船方 IMO NO.、岸方郵件地址、船名／港口名等。

    美國海岸防衛隊之航行及船舶檢查通報 NVIC 是常態性通報,船公司之公司保全官應時常上網查詢,若有新通報必須即刻通知船上,以了解目前最新檢查規定、世界各地之保全現況、新保全事件之發生與處理經過,船公司及船舶租方亦應告知下一港之保全現況與航線上可能出現之保全風險。

    船舶間在海上應互相交換訊息,並告知航路中或港口停泊期間所發生之保全事件,並提供給對方作為參考,保全訊息的通報對船上人員是非常重要的訊息,主管人員在研判相關訊息後,應過當採取保全措施,並告知船上全體同仁應如何執行,以確保本身生命安全以及船貨的安全。

    保全措施乃為針對船舶駛往美國之前五港,若為黑名單所列國家或港口,所要求船上必須採取之行動,以作為進入美國之條件,但此附加要求條件,對於在黑名單國家註冊之船舶則無關連與影響,所有船泊靠黑名單國家港口時,必須:

1. 依 SSP 採取等同保全等級 2 之保全措施。

2. 採取美國 USCG 03-ll 通報中第 C 節部份所列之要求行動,包含簽發保全聲明。

4-3　港口設施保全概要

　　港口設施的定義即為港區及港口週邊設施，如貨櫃集散場、貨物倉儲中心、旅運大樓及有關貨物作業裝卸機具等，為防止港區發生保全事件，港口當局將嚴格實施管制與安檢，若港口單位未落實相關檢查，將會帶來極大的風險與困擾。

　　所以在了解相關規定後，必須從政策要求方向來執行，包括人員的訓練、設備器材的使用及探討實際之成效等，港口設施的保全目的在於防止船舶對碼頭設施帶來危害，並也避免岸上潛在危害帶至船上，有關港口設施保全項目大致分為以下幾種：

1. 港口工作人員之進入港區前之安全檢查。

2. 貨物裝船及卸載前之查驗。

3. 旅客登輪前與登岸時之檢查。

4. 船員登岸時之檢查。

5. 船舶供應品之點收。

　　上述都是港口保全重要的工作項目，在評估一個港口保全組織是否健全，可以從人員數量及其訓練方式得知，這些都是影響保全執行成效之關鍵因素。

一、港口保全政策

　　每一個港口都應具有「港口保全計畫」與「港口保全評估」等規定，港口當局則依計畫與評估去執行保全事務，並採購必要之保全設施並完成港口保全員之訓練工作。

　　港口保全人員包含港口設施保全官及管制進出港區之警力等，各人均依據規定去執行其職責範圍內的事務，並對任何保全事件作評估與檢討，最終依事實記錄保全事故發生原因、處理過程、檢討得失等，並落實以下事項：

1. 岸上巡邏、海上巡邏、及空中巡邏等方式。

2. 港區管制範圍之律定。

3. 車輛進出港區之限制，載貨車輛與空車之管理。

4. 人員進出管制區之要求，含進入港區通行證之申請，特定單位之長期證件的發放、管制及查驗等。

5. 官方人員之進出管制政策。

6. 港口國保全等級評估與發佈（依據當時政治局勢、治安情況及宗教活動等）。

7. 港區緊急應變計畫頒布與管制政策之執行。

　　港區巡邏計畫必需採取不同路線及時間頻率去執行，使有心份子無法掌握慣性路線與時間才能達到嚇阻作用，巡邏時人員亦需配置規定之裝備且完成勤前教育，並由經驗豐富者搭配資淺人員，以利相關工作經驗之傳承，實際具體訓練項目如下：

1. 分辨文件資料真偽的訓練。

2. 辨識人員偽裝技巧的訓練。

3. 保全設備使用方式的訓練。

4. 了解港口周圍死角的訓練。

5. 貨物偽裝識別方式的訓練。

6. 了解走私慣用技倆的訓練。

7. 認識偷渡者隱匿方式訓練。

8. 識別武器與爆炸物的訓練。

二、港區主要保全設備

1. 攜帶型金屬探測器。

2. 固定式金屬探測器、X 光機或熱像儀。

3. 港區監視與錄影系統。

4. 移動式或固定式內視鏡透視器材，作為貨櫃內物件檢視及行李檢查。

5. 港區探照燈與其他有關照明設備。

6. 偵蒐犬以偵查毒品與爆炸物等。

7. 具偵測設備功能之車輛。

8. 港區巡邏艇。

9. 水下攝影機，包括潛水人員所需裝具等。

10. 直昇機與空中攝影。

11. 高效能紅外線監視器。

三、登輪檢查

　　登輪檢查是為了減少或防止外來之保全風險，登輪檢查前應先了解該輪曾靠泊前十個港口之保全等級，如表 4-1 所示。登輪再查明其保全有關之管制措施成效。

　　保全記錄之查驗是否有固定格式，檢查記錄是否經過船舶保全官及船長簽署，並大概了解船員對保全之認識，查驗航程中是否依據海域之風險程度，做了不同程度之保全措施，在港期間之保全措施是否隨該港口之保全等級改變其保全措施。

　　該輪是否曾有偷渡客成功的記錄，其處理經過如何，其預防措施是否有改進，請船上人員說明其改進之策略，登輪檢查前，港口保全單位是否事先有規劃重點檢查項目，提供該港區之歷史保全事故項目，予來訪船舶作為參考或改進。

四、港區以外區域之監控與查驗

　　每一個貨物運輸的過程皆有可能出現保全漏洞，以致發生保全事件，這就是為美國國土保安部會派員進駐世界各地主要港區之原因，由此可見美國之保全管轄的範圍有多大，絕對不是侷限於本土港區。這也是我們值得思考及重視的問題，有了正確及積極的態度才能減低保全事故的發生。

　　目前臺灣港口以外的貨櫃場甚多，而且有些距離港區甚遠，因此如何管控貨物裝船前，確保執行保全相關工作是大家未來共同努力的方向。

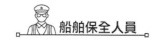

⚓ 表 4-1 前十港口之保全等級記錄表

編號 NO.	1	2	3	4	5	6	7	8	9	10
港口名稱 Port Name	DALRYMPLE BAY AUSTRALIA	TAICHUNG TAIWAN	KAOHSIUNG TAIWAN	DALRYMPLE BAY AUSTRALIA	KAOHSIUNG TAIWAN	ZHOUSHAN CHINA	KAOHSIUNG TAIWAN	TAICHUNG TAIWAN	HAY POINT AUSTRALIA	KAOHSIUNG TAIWAN
抵港日 Arr. Date	2022/JUN/27	2022/JUN/03	2022/MAY/31	2022/APR/11	2022/MAR/29	2022/MAR/10	2022/FEB/26	2022/FEB/12	2022/JAN/19	2021/DEC/31
離港日 Dep. Date	2022/JUN/14	2022/JUN/15	2022/JUN/03	2022/MAY/19	2022/MAR/30	2022/MAR/27	2022/MAR/04	2022/FEB/25	2022/JAN/29	2022/JAN/07
活動情況 Activities	NORMAL	NORMAL	NORMAL	NORMAL	NORMAL	NORMAL	NORMAL	NORMAL	NORMAL	NORMAL
保全等級 Security Level	1	1	1	1	1	1	1	1	1	1
是否採取特別保全措施 Any Special Security Measure to Take...	N/A	N/A	N/A	N/A	N/A	N/A	N/A	N/A	N/A	N/A

資料來源：自行繪製。

4-4　船舶保全設備之使用

在海上人命安全國際公約第 XI-2 章與國際船舶與港埠設施保全章程規則 Part A 部分，對船舶需要配置那些保全設備並未做明確規範，但在 ISPS Code Part B 部分則分別提到除了 AIS 及 SSAS 是屬於強制設備外，其他保全設備則由締約國政府主管機關授權的主管當局而定，所以船舶保全設備可分為強制性與建議性兩種。

一、船舶保全警示系統

船舶保全警示系統(Ship Security Alert System; SSAS)是由「國際海事安全組織(IMO)」在規範「全球海上遇險及安全系統(GMDSS)」與「船舶自動識別系統(AIS)」之後，針對航行於公海之船舶所新增加之規範，並在「1974 年海上人命安全國際公約（SOLAS regulation XI-2 章規則 6）」修正案規定為必要設備。

（一）船舶保全警示系統相關規定

SOLAS 第 XI-2 章規則 6 要求船舶應依規定配備船舶保全警示系統為 IMO 之海事安全委員會以 MSC136(76)決議案所採納標準，作為發送船對岸之保全警報裝備，告知船舶受脅迫或已受危害的狀況。根據 SOLAS XI-2 章規定，船舶應按以下規定裝設船舶保全警報系統：

1. 在 2004 年 7 月 1 日或以後建造的船舶須於建造時完成安裝。

2. 客船包括高速客船在 2004 年 7 月 1 日以前建造的，最遲應不得於 2004 年 7 月 1 日以後的第一次無線電設備檢驗時完成。

3. 在 2004 年 7 月 1 日以前建造的 500 總噸位及以上的油船、化學品液貨船、氣體運輸船、散貨船和高速貨船，最遲應不得於 2004 年 7 月 1 日以後的第一次無線電設備檢驗時完成。

4. 在 2004 年 7 月 1 日以前建造的 500 總噸及以上的其他貨船和海上移動式鑽井平台，最遲不得於 2006 年 7 月 1 日以後的第一次無線電設備檢驗時完成。

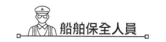
（二）船舶保全警示系統相關性能標準

1. 警報信文產生時需包含船舶識別和位置等信息。

2. 警報發至主管機關（由政府或行政機關指定）。

3. 在發送警報過程中不能產生聲響或燈光等警告顯示。

4. 其他船舶無法接收此警報。

5. 船上發報之地點最少二個，駕駛台為強制指定位置。

6. 不得低於 IMO 通過的性能標準。

7. 船舶保全警示系統啟動位置設計應能防止誤發警報。

8. 在缺少船舶主電源的狀況下，SSAS 仍然可以正常工作。

9. SSAS 在船上時應具備測試功能。

10. 再關閉或復位前持續發送船舶保全警報。

11. SSAS 的啟動不可減低其船舶 GMDSS 系統之功能。

12. 可利用現有的無線電通信設備（如 GMDSS）替代 SSAS 功能。

（三）船舶保全警示系統之使用

1. 船長和船舶保全官(SSO)均應了解

(1) 當啟動船舶保全警報系統發送相關之警報資訊時，船上不會產生任何警報聲響以至於引起別人的注意或被發覺。

(2) 當收到相關警報資訊後，船旗國管轄機構（如海上搜救中心）會立即通知該船東或公司，商討其因應對策並做出相關之營救計畫，此時公司或船東不應私下與船長或附近船舶聯繫，除非已有對該事件做出反應的保全對策。

(3) 事件一旦發生後，並需對該事件適當的加以評估，找出最有利之時機登船。

2. 啟動位置的設置與系統使用、維修保養和測試

(1) 船舶保全警示系統由船舶保全官負責日常維護、測試並保存該設備的技術說明書以及操作程序，使用中發現問題應及時通知公司主管部門安排修理。

(2) 船舶保全警示系統安裝於船上 2 處地點，一處安裝駕駛台內（隱匿的地方），另一處在船長房間內，所有駕駛員應熟悉駕駛台的發報點（按鈕）的位置並暸解使用方法，這些位置不能被未經授權的人員知悉。

(3) 船舶保全警示系統應須一直保持隨時可用的狀態，並由船舶保全官按規定及操作手冊進行相關保養、檢查、測試及操作，並填寫「保全設備保養維護記錄表」，如表 4-2 所示。

3. 職責

(1) 船舶保全官和船長負責啟動船舶保全警示系統。

(2) 船長及船舶保全官應使其他駕駛員知道警報按鈕的位置，並依船舶保全計畫中之規定，定期對船上駕駛員（船副）實施訓練，並須熟悉及了解警報啟動程序，所以無論在任何情況之下，當被授權啟動該船舶保全警示系統時，均能迅速完成相關設定與操作。

(3) 遇有下列情況時應啟動船舶保全警示系統：

A. 當船舶受到嚴重的恐怖威脅和（或）緊急、嚴重的保全破壞，也包括船長認為迫切需要救助或其他必要的情況時。

B. 當船舶發生保全事件影響到船舶正常指揮時。

C. 當發生保全事件船舶失控時，船舶保全官和駕駛員接到船長的命令或船舶保全官的命令時。

D. 公司保全官負責任命有能力的人員擔任船舶保全官，負責處理船舶保全相關事宜，公司保全官還有責任防止船舶在操作時出現誤報警事件。

E. 當接到船舶警報時，公司保全官應代表公司報告相關海事機關，其內容應包括船舶的名稱及位置，以便通知相關的沿岸國家或地區，並持續聯繫到危機解除為止。

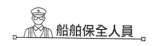
船舶保全人員

表 4-2 保全設備保養維護紀錄表

項目 Item		甲板照明灯 Deck Light	GMDSS	無線電對講機 Walkie-Talkie	廣播系統 Public Address	一般警報系統 General Alarm	Automatic Identification System	Ship Security Alert System	住艙鎖匙 Cabin Lock
位置 Location		露天甲板 Deck	駕駛台 Bridge	駕駛台 Bridge	駕駛台 Bridge	全船 all ship	駕駛台 Bridge	駕駛台 Bridge	大副室 cabin C/O
數量 Quantity		16	1	9	1	1	1	1	1
本次檢查日期	測試 Test	2022.06.30.	2022.06.30.	2022.06.30.	2022.06.30.	2022.06.30.	2022.06.30.	2022.06.24.	2022.06.30.
	校正 Calibration	NIL	NIL	NIL	NIL	NIL	NIL	NIL	NIL
上次檢查日期	測試 Test	2022.05.31.	2022.05.31.	2022.05.31.	2022.05.31.	2022.05.31.	2022.05.31.	2022.05.27.	2022.05.31.
	校正 Calibration	NIL	NIL	NIL	NIL	NIL	NIL	NIL	NIL
故障日期 Date of Fault		NIL	NIL	NIL	NIL	NIL	NIL	NIL	NIL
故障詳情 Details of Fault		NIL	NIL	NIL	NIL	NIL	NIL	NIL	NIL
修理日期 Date of Repair		NIL	NIL	NIL	NIL	NIL	NIL	NIL	NIL
修理詳情 Detail of Repair		NIL	NIL	NIL	NIL	NIL	NIL	NIL	NIL

備註：以上保全設備保養、測試及校正每月實施一次（SSAS 測試每季 3、6、9、12 月第四週自行選擇一天）

Remark：Above security equipment will be carry out maintenance, testing and calibration for ever month (SSAS testing for ever 3 month)

船舶保全官 SSO：_____   船長 Master：_____

資料來源：自行繪製。

4. **程序**

(1) 船舶保全警示系統的使用說明應包括：測試、啟動、解除及恢復，並限制誤報警事件等程序。該設施的操作手冊應作為機密文件必須交由船舶保全官負責保管。

(2) 船舶保全警示系統的內部測試每月進行 1 次，測試日期和測試結果需記錄在無線電日誌及船舶日誌當中。

(3) 船舶保全警示系統的平時傳送測試程序：

A. 船舶最初完成裝機測試以後，於營運期間的傳送測試應每年進行 1 次，公司保全官需得到船旗國有關機構的允許後與船長約定好時間進行測試。

B. 公司保全官對船舶保全警報系統的傳送與測試，要和船長或船舶保全官保持電話聯繫。

C. 船長和公司保全官須確定船舶保全警示系統測試的目的與時間。

D. 測試過程中在駕駛台發送警報訊息，當公司保全官接到警報訊息時要確認其正確性，包括對船舶身份、警報狀況和內容進行核對，確定是船舶保全警報測試。

E. 測試完畢後船長要確定把船舶保全警示系統重置，公司保全官要確認收到的測試資訊把結果告知船長。

F. 其他發報位置點也應按步驟 2-5 進行相關的測試。

G. 船長和公司保全官雙方確認，所有發報點測試完畢，船舶保全警示系統已被復歸。接下來只要是從船上所發出之警報，皆視為真正之遇險警報。

5. **船舶保全警示系統的維修、檢查、測試和校正**

(1) 維修

大約 10 年必須對無線電收發機使用的電池進行更換。不可在收發機的天線上刷漆，一旦系統損壞，應由廠家代理或岸上的有專業技師實施修理及維護，並將維護檢修日期記錄在船舶保全設備檢查紀錄單上。

(2) 檢查

應每月進行外觀檢查，包括天線安裝情況和電源連接供電檢查，並記錄在船舶保全設備檢查紀錄單上。

(3) 測試

每月進行定期的內部線路檢查測試及一般的傳輸測試。測試結果與日期記錄在船舶保全設備檢查紀錄單中。

二、船舶自動識別系統

船舶自動識別系統(Automatic Identification System; AIS)，是安裝在船舶上的一套自動追蹤系統，藉由與鄰近船舶、岸台以及衛星等設備交換電子資料，並且供船舶交通管理系統辨識及定位。當衛星偵測到 AIS 訊號，則會顯示 Satellite-AIS。AIS 資料可供應到海事雷達，以優先避免在海上交通發生碰撞事故。

由 AIS 所發出的訊息包括船舶識別碼、船名、經緯度、航向及航速，並顯示在 AIS 的螢幕或電子海圖以及雷達上。AIS 可協助當值船副以及海事主管單位追蹤及監視船舶動向。AIS 整合了標準的 VHF 傳送器以及由 GPS 接收器所提供的位置訊息，以及其他的電子航海設施，例如電羅經或是舵角指示器。船舶裝有 AIS 收發機和詢答機時，可以被 AIS 岸台所追蹤，當船舶離海岸較遠時，可藉由特別安裝的 AIS 接收器，經由相當數量的衛星以便從龐大數量的信號中辨識船位。

（一）船舶自動識別系統相關規定

所有總噸位 300 以上的國際航行船舶，和總噸位 500 以上的非國際航行船舶，以及所有客船，應按以下要求配備一台船舶自動識別系統(AIS)：

1. 在 2002 年 7 月 1 日及以後建造的船舶。

2. 在 2002 年 7 月 1 日之前建造的國際航行船舶。

3. 客輪不遲於 2003 年 7 月 1 日。

4. 液體貨運載船不遲於 2003 年 7 月 1 日以後的第一個船檢日。

5. 除客輪和液體貨運載船外的總噸位 50,000 以上之船舶，不遲於 2004 年 7 月 1 日。

6. 除客輪和液體貨運載船外總噸位 10,000 以上，但小於 50,000 的船舶，不遲於 2005 年 7 月 1 日。

7. 除客輪和液體貨運載船外的總噸位 3,000 以上，但小於 10,000 的船舶，不遲於 2006 年 7 月 1 日。

8. 除客輪和液體貨運載船外的總噸位 300 以上，但小於 3,000 的船舶，不遲於 2007 年 7 月 1 日。

9. 在 2002 年 7 月 1 日前建造之非國際航行船舶，不遲於 2008 年 7 月 1 日。

　　部分實施日期之後兩年內永久退役的船舶，主管機關可以免除對這些船舶的要求，但在 2001 年 9 月 11 日美國發生 911 恐怖攻擊事件後，使得 IMO 基於安全因素認為 AIS 系統有必要提早。

　　在 2002 年 5 月的 MSC.75 會議中將 SOLAS 第 5 章再作修正為除客輪及液體貨運載船以外，總噸位 300 及以上，但小於 50,000 的船舶，不遲於 2004 年 7 月 1 日以後之第一次安全設備檢查，或 2004 年 12 月 31 日，以較早者為準。

　　因此，總噸位 300 及以上但小於 50,000 的船舶應於 2008 年底前裝設完畢的時程，提前於最遲 2004 年 12 月 31 日前皆應裝設完成，並列為港口國管制(Port State Control, PSC)的檢查項目。

（二）船舶自動識別系統基本功能

　　船舶自動識別系統主要的功能是為能即時顯示附近水域內各船舶的各項訊息，如船名、呼號、航向、速度及當前船舶動態資訊等；由於 AIS 能不斷的更新訊息，這也使得航海人員能更容易運用在航行中之參考，可有效的提升航行安全，另外依據 SOLAS 新修正第 5 章第 19 條之規定，AIS 應具備以下三項功能：

1. 自動提供給有適當配備的岸台、其他船舶及飛行器，包括船舶識別、船型、位置、航向、航速、航行狀態、及跟安全有關的訊息。

2. 具有同樣設備的其他船舶可自動接收以上訊息。

3. 監視及追蹤他船及與岸上設施交換數據。

　　根據 AIS 的設置構想及 IMO 對 AIS 的定義，可歸納出下列四項 AIS 的基本功能：

1. 協助識別船舶。

2. 幫助追蹤目標。

3. 簡化並促進資訊交換。

4. 提供相關輔助資訊，以避免碰撞發生。

　　在國際燈塔協會(IALA)所出版之 VTS 工具指南(Guidelines on AIS as a VTS tool)中提到，由於 AIS 所能接收及提供數據量的增加，將對現有的溝通系統產生重要的補強作用，例如對於船舶間或岸上 VTS 而言，從前多是以船舶之大約位置、船艏向、速度或船舶型式等，來辨識目標船並以 VHF 呼叫來取得聯繫，但 AIS 則是利用兩個專用的 VHF 頻道 87B（AIS1-161.975MHz，及 88B(AIS2-162.025MHz)）的頻段來完成其資料的傳輸，且其傳輸之資料為最直接、最正確的即時資料，對於海上交通觀測來說實為一大助益，下表為 AIS 所傳送之資訊內容如表 4-3 所示：

⚓ 表 4-3　AIS 相關資料顯示一覽表

靜態資料	
海上移動通訊識別碼	安裝時設定，船舶之船東變更時可能需要修改
船舶呼號及船名	
船舶識別碼	安裝時設定
船長及船寬	
船舶類型	從預設程式選單中選擇
定位天線之位置	安裝時設定，對於雙向船舶或裝有多向天線之船舶可能改變
龍骨以上高度	擴展信文，僅當船舶主動被詢問時發送
動態資料	
精準之船位	通過連接至 AIS 之位置感應器自動更新，誤差值在 10m 之內
世界協調時	通過連接至 AIS 之船舶主要位置感應器自動更新

表 4-3　AIS 相關資料顯示一覽表（續）

靜態資料	
對地航向	如果感應器計算對地航向，通過連接至 AIS 之船舶主要位置感應器自動更新
對地航速	通過連接至 AIS 之位置感應器自動更新
船艏方向	通過連接至 AIS 之船艏感應器自動更新
航行狀態	須由值班人員手動輸入
轉向速率	通過船舶轉向感應器自動更新或連接電羅經獲得
航次相關資訊	
船舶吃水	每次進出港前依船舶目前狀況手動輸入
危險貨物（種類）	每航次開始時手動輸入，即 DG：危險貨物、HS：有害物質、MP：海洋汙染物
目的港、預計到達時間	每航次開始時手動輸入，船長自行處理或依需要更改
航線設計（轉向點）	
船上人數	每次出港前依船舶實際人數手動輸入
信文	
VTS 發送之相關資訊	衛星定位系統修正資訊、天氣及港口資訊等

資料來源：自行繪製。

（三）船舶自動識別系統之特性

IMO 對於 AIS 的使用曾做了相關的規定，其中主要標明了 AIS 三個主要的應用面：

1. 用以避免船舶與船舶之間的碰撞。

2. 可用以協助沿海國獲取船舶及其所裝載貨物之資訊。

3. 作為 VTS 的聯絡工具；例如進出港期間之交通管理。

由於 AIS 係為利用自組式時間劃分多元存取(Self-organized time-division multiple access, STDMA)技術，以 VHF 載波並可自動收發擷取航行資訊的工作原理，使其應用上有許多的特性分述如下：

1. 部分資訊準確率極高，且幾乎為即時性的提供。

2. 於區域內可自動且連續工作。

3. 由於無線電波之繞射作用，故可不受直線上障礙物之阻礙，獲取後方目標的資料。

4. 船舶改變俥舵令可立即得知。

5. 不會因為目標交錯(Target Swap)而有資訊交換之虞。

6. 能得知目標船之目的港。

7. 明確了解該船舶之大小、吃水及其他狀態。

8. 減少口語溝通可能造成的誤解與不便。

9. 不受天氣狀況、海象等影響。

10. 可由 VTS 中心指配工作模式，以便控制數據傳輸的時間差。

　　綜上所述，可以發現 AIS 對於航行安全確實有所助益，然而 AIS 在應用上卻也有其不足之處：

1. 除了法規上所規定之船舶外，不可能期待海上所有船舶均裝設 AIS，沒有裝設 AIS 的小船、漁船或娛樂用船舶就無法得知其航行動態。

2. 由於利用 VHF 傳輸，故傳輸之資料無隱密性。

3. 就使用者而言，於 AIS 之靜態、動態及航次相關資料部分，若無正確輸入或更新，將有使得 AIS 失去效用，甚至造成其他船舶的誤判。

4. 由於 AIS 各廠家的操作介面略有不同，在人員於不同船舶任職時，可能會有功能及操作上等不熟悉之情形產生。

5. 由於經濟成本或其他因素之考量，船東於裝設 AIS 設備時，可能僅依法規之規定下限裝設 AIS 儀器，然卻無購置其相關之軟體或整合至相關的設備（如電子海圖顯示與資訊系統；ECDIS）之中，如此將大大降低 AIS 之功能，亦無法發揮其實用性。

　　雖然 AIS 在使用上可能會有以上之不足產生，但不難發現其大部分缺點多是人為因素所造成的，這部分則可倚靠教育訓練來加強補足，另一方面目前一般用於 VTS 作為航行管理之助航儀器中，目前傳統上多為利用自動測繪雷達(ARPA)作為主要儀器。

三、船舶遠程識別與跟蹤系統

船舶遠程識別與跟踪(Long-Range Identification and Tracking, LRIT)系統提供船舶的全球識別和追蹤等功能，1974 年海上人命安全國際公約第(SOLAS)第 V 章規則 19 條規定了船舶傳輸 LRIT 訊息的功能，以及締約國政府和搜救服務機構接收 LRIT 信息的權利和義務。

LRIT 系統由船載信息傳輸設備、通信服務提供商(CSP)、應用服務提供商(ASP)、數據中心組成，包括任何相關的船舶監控系統、LRIT 數據分發計畫和國際數據交換系統性能，某些方面由代表所有締約國政府的協調員進行審查。

LRIT 資訊提供給 SOLAS 公約的締約國政府以及有權根據請求通過國家、區域、合作和國際數據中心系統使用數據交換接收信息的搜救服務。

與船舶遠程識別與跟蹤有關的性能標準和功能，要求的任何規定均不得損害各國根據國際法，特別是各國的法律制度所享有的權利、管轄權或義務。公海、專屬經濟區、毗連區、領海或用於國際航行的海峽和群島海道。

（一）有關本規定適用於從事國際航行的下列船舶類型如下

1. 客船；包括高速客船。

2. 300 總噸及以上的貨船，包括高速船。

3. 移動式海上鑽井平台。

（二）LRIT 船載設備必須每日 4 次（每 6 小時 1 次）自動向數據中心傳送下列基本資料

1. 船舶識別碼。

2. 船舶位置（經緯度）。

3. 提供船舶位置之日期、時間。

（三）船舶應裝設 LRIT 船載設備，實施日期時程表如下

1. 2008 年 12 月 31 日以後建造的船舶，自建造日期起實施。

2. 2008 年 12 月 30 日以前建造的船舶：

   (1) 航行 A1/A2 或 A1/A2/A3 海域者，最遲於 2008 年 12 月 31 日之後的第一次無線電設備檢驗。

   (2) 航行 A1/A2/A3/A4 海域者，最遲於 2009 年 7 月 1 日之後的第一次無線電設備檢驗。

3. 船舶之航行海域為 A1，並已裝有船舶自動識別系統(AIS)，得不依本規定辦理。

（四）LRIT 之主要系統架構如下

1. 船載設備(Shipborne equipment)：該設備應自動傳送船舶 LRIT 資訊。

2. LRIT 數據中心(Data Centre, DC)：主要為蒐集、傳送本國籍船舶或申請接收 1000 海浬以內外國籍船舶之資訊。

3. 應用服務商(Application Service Providers, ASP)：主要提供數據中心與通訊系統（衛星地面站）之傳輸界面及其相關應用服務，ASP 應由政府部門認可。

4. 國際數據交換(International Data Exchange, IDE)：主要為綜理各國數據中心間之資訊交換。

四、其他船舶保全設施

（一）IMO 船舶識別碼(IMO Number)

國際海事組織(IMO)於 1987 年通過第 A.600（15 號決議案），開始實施船舶識別號碼計畫(IMO Ship identification number scheme)，其目的是為了加強海上安全、污染防治以及防止海上欺詐等行為。並為每艘船指定一個永久號碼，以便進行識別。該號碼在將船舶轉移到其他船籍時保持不變，並將記載於新的船舶證書中。

自 1996 年 1 月 1 日起，該計畫的實施成為強制性的措施，2013 年海事組織通過了 A.1078(28)號決議，允許海事組織船舶識別號碼計畫適用於 100 噸及以上的漁船。

SOLAS 法規 XI-1/3 要求船舶的識別碼在船體或上層建築上的可見位置永久標記，客船應在從空中可見的水平表面上進行標記，船舶內部於機艙艉部艙壁上。

IMO 船舶識別號碼是在 IMO 三個英文字尾後再加上建造時所指定的 7 位數字所構成，Lloyd's Register Fairplay 是由 IMO 國際海事組織所委託的唯一管理 IMO 船舶識別號碼的機構。這 7 位數的號碼用於 100 噸以上海上航行的商船上，但以下除外：

1. 自己從事漁業的船舶。

2. 無機械動力機構的船隻。

3. 小型船舶。

4. 執行特殊業務船隻。（例如燈塔船、SAR 船）

5. 開底泥砂駁船。(Hopper barge)

6. 水翼船、氣墊船。

7. 浮船塢(Floating Dock)及其構造類似物。

8. 戰艦及軍事運輸船。

9. 木造船。

（二）連續概要紀錄(Continuous Synopsis Record, CSR)

連續概要記錄是海上人命安全國際公約(SOLAS)第 XI-1 章規則 5 中為加強海上安全的一項特殊措施。根據公約規定，所有客船及總噸位 500 以上的貨船必須在船上有連續的概要記錄，該記錄可提供關於船舶歷史的船上記錄。

連續概要記錄(CSR)由懸掛其旗幟的船舶管理部門發布，其中(CSR)記錄中應包含以下詳細信息：

1. 船名。

2. 船舶註冊的港口。

3. 船舶識別碼。

4. 船舶於該國註冊的日期。

5. 船舶懸掛其國旗的國家名稱。

6. 註冊所有人的姓名和註冊地址。

7. 註冊光船承租人名稱及其註冊地址。

8. 船舶入級的船級社名稱。

9. 公司名稱、註冊地址和安全管理活動的地址。

10. 向運營船舶的公司頒發了 ISM 規則中規定的符合性文件的主管部門或締約國政府或公認組織的名稱。

11. 進行審核以簽發合格文件的機構名稱。

12. 向船舶頒發安全管理證書(SMC)的主管部門或締約國政府或公認組織的名稱以及頒發該文件的機構的名稱。

13. 向船舶頒發 ISPS 規則中規定的國際船舶保安證書的主管部門或締約國政府或所認定之組織的名稱，以及進行驗證的機構的名稱。

14. 船舶在國家註冊的到期日。

　　與上述各點有關的任何更改都應在連續概要記錄中提及，正式記錄應為英文、西班牙文或法文；但是可以提供主管部門語言的翻譯，另外連續概要記錄應始終保存在船上，並應隨時可供檢查。

（三）其他相關保全設備

1. CCTV－中央控制監視系統

　　由攝影機、電腦及顯示器組成，攝影機可分別安裝在監視場所，連續攝影之影像傳送至電腦處理，然後傳送至顯示器，顯示器上可同時顯示 8~12 個畫面，當有需要時可在某一畫面點一下，即可放大至全螢幕顯示，可看得更清楚。

2. Alarms－警報器

分燈光、電笛、氣笛，可依情況需要安裝一種或兩種並裝，安裝位置亦需評估後再安裝。

3. Sensors－感應器

感應器亦可分多種，如限位閉關(Limit switch)、光感器、聲音感應器、磁卡感應器等。

4. Security lighting－保全警示燈光

如安裝在駕駛台兩舷之探照燈，當發現有可疑小船接近時，可以使用探照燈照射以警告之，也可以使用感應器接通燈光，以顯示有人侵入或進入，如機艙進口處安裝感應器，燈安裝在控制室內。

5. Key pad entry－上鎖門

可利用傳統鑰匙來上鎖的門。

6. Card entry－電子式感應控制門

利用感應卡來控制，如目前家中使用之保全系統，輸入密碼或指紋辨識才可打開等。

7. Metal detectors－金屬探測器

用來偵測藏匿在身內之不法金屬類之攻擊性器具。

8. Security lock/sealed－安全門栓或封條

門內以卡栓卡住，但對安全上較為不利，會影響外來救援之進入，可在門外以封條加封，一但封條有損即表示有侵入者進入。

9. Citadels－避難艙

對於避難艙有以下之要求規範及相關規定：

(1) 預先規劃設置於船上，所有船員皆需知道其位置，於緊急情況下能讓船員迅速進入。

(2) 當海盜登輪時之急迫使用，內備有糧食、飲水及緊急醫療等提供保護。

(3) 避難艙之設計與結構可抵抗非法入侵之人員一段時間。

(4) 任何船員未進入避難艙,則其功能喪失。

(5) 所有船員均能於避難艙安全無虞。

(6) 避難艙內必須有獨立式電力可供對外聯繫,僅靠 VHF 設備通信是不足夠的。

(7) 避難艙必須是不易被發現之空間,即便被發現也不易被侵入或破壞。(如空氣被切斷或用火燒及煙燻等)

(8) 如情況許可下,應盡量符合視覺和聽覺對避難艙外面情況之掌握,使避難人員能隨時了解外面狀況。

10. 蛇腹型鐵絲網,雖屬目前最有效阻隔人員登船的設備,但因為體積龐大,且需要甲板較大的儲存空間,另多為不銹鋼材質且刀片鋒利,人員在進行安裝時亦容易割破衣物及手套而受傷。

11. 另外船上亦有一些常備物品可作為保全設備,如:手持式信號彈、太平斧、拋繩槍、滅火器、鐵棍及水龍帶等皆可以善加利用,以作為備用設備。

4-5　ISPS 外部稽核實施要點

　　船舶在執行船舶保全之工作前,必須通過主管機關的各項檢視,證明其符合 SOLAS 公約第 XI-2 章以及 ISPS 規則的要求,並同時驗證船舶保全計畫能有效的實施,才能取得國際船舶保全證書(ISSC 證書),為此每年公司都會安排主管機關制船上實施評估,該項評估及檢視亦稱為船舶保全稽核,又可分為內部稽核與外部稽核。

一、外部稽核的種類

　　船舶保全稽核的檢查是為了了解船舶是否依照公司年度計畫執行,我國認可之保全機構係由交通部指派中國驗船中心(CR)來擔任,並依照「國際船舶及港口設施保全章程」來制定驗證種類,船舶保全外部稽核的種類可分為初次稽核、中期稽核、換證稽核、附加稽核和臨時稽核等 5 種。

（一）初次稽核

初次稽核是首次向船舶簽發 ISSC 證書前進行的稽核，船舶滿足下列條件即可向主管機關或其認可的保全機構申請初次稽核：

1. 持有主管機關或其認可的保全組織批准的船舶保全計畫。
2. 具有船舶保全計畫在該船上至少實施了 3 個月公司內部的稽核證明。

初次稽核應進行下列驗證：

1. SOLAS 公約第 XI-2 章、ISPS 規則 A 部分和經批准的船舶保全計畫所要求的船舶保全體系和任何相關保全設備的完整性。
2. 船舶保全體系和相關保全設備符合 SOLAS 公約第 XI-2 章、ISPS 規則 A 部分的所有適用要求。
3. 所有相關保全設備處於令人滿意的狀況並適合預定用途。
4. 確認船上人員熟悉船舶保全計畫中規定需要承擔的職責和責任。

稽核過程中，如發現存在不合格項目，主管機關及其公司應予以糾正和（或）採取改善措施，通過初次稽核的船舶將簽發 ISSC 證書，國際船舶保全證書 (ISSC)。

（二）中期稽核

船舶應進行中期稽核，以驗證：

1. 船舶保全計畫在船上保持有效的實施與執行。
2. 保全計畫的任何修改皆保持符合 ISPS 規則要求。

中期稽核應包括檢查船舶保全體系，和確認所有船舶保全設備都按船舶保全計畫的規定保養及校正，以確保處於適合船舶預期營運的良好狀態。

在 ISSC 證書有效期內至少進行一次中期稽核，如僅進行一次中期稽核，該稽核應在證書的第 2 個和第 3 個周年日之間進行，中期稽核完成後，應在 ISSC 證書上予以簽署，在中期稽核時如有要求對不合格項目採取改正措施時，船舶應及時採取改正措施。

（三）附加稽核

　　船舶應在下列情況申請附加稽核：

1. 船旗國主管機關的要求。

2. 船舶保全體系發生重大變更時。

3. 船舶配備的保全設備發生重大變更時。

4. 批准的船舶保全計畫發生重大改變時。

5. 發生船舶因保全缺陷導致被扣留、驅逐出港等情況時。

　　附加稽核包括船舶相關保全設備按船舶保全計畫規定保養和校正的確認，附加稽核完成後，應在證書上予以簽署。

（四）換證稽核

　　換證稽核又稱換新稽核，是在船上現有 ISSC 證書到期，申請換發新證書前進行的稽核，換證稽核按初次稽核的要求完成，並應確認所有船舶保全設備都按船舶保安計畫進行了保養和校正，換證稽核間隔不應超過 5 年，並應在證書到期日之前的 3 個月內進行，通過換證稽核的船舶將簽發新的 ISSC 證書。

（五）臨時稽核

　　需要獲得臨時船舶保全證書（IISSC 證書）的船舶應該申請臨時稽核，臨時稽核證書。

　　下列船舶可以申請臨時稽核：

1. 在新船交船時或在投入營運或重新投入營運前，船舶沒有 ISSC 證書時。

2. 船舶變更船旗國。

3. 公司承擔了以前不是由該公司經營船舶的責任。

二、外部稽核的重點

（一）初次稽核重點

1. 確認船舶保全計畫書經過認證，並依船舶種類設計不同之計畫書。

2. 確認所需文件在船。

3. 確認船舶保全系統之執行成效，其中包括收集執行過程之有利證明文件，其中包括公司內部 ISPS 稽核報告，根據規定稽核必須在船舶靠岸時執行。

（二）額外稽核重點

此項稽核可以在 ISSC 證書發證前或是換證時，如果發現 Initial / Periodical / Renewal 稽核中有重大缺失發生時執行，稽核主要在確認重大缺失已經被改善並結案，在船舶保全計畫書(SSP)有重大改變時或依照稽核員之觀點在前次稽核登錄有重大缺失時，執行額外稽核可以成為 ISSC 換證之參考依據。

（三）中期稽核重點

ISPS 期中稽核應安排在 ISSC 證書簽發日之第二年和第三年間，為了與在船舶檢驗及稽核同步，ISPS 期中稽核建議安排在船舶系統週期檢驗／ISM 期中稽核時執行，當此稽核過期而沒有安排重新稽核時，ISSC 證書可能被取消。

（四）換證稽核重點

ISPS 之換證稽核將安排在 ISSC 證書過期之前，此稽核不能在 ISSC 過期前 6 個月外及證書過期後執行，換證稽核通過後將簽發新的 ISSC 證書，當此稽核過期而沒有安排重新稽核時，ISSC 證書可能被取消。

三、船舶保全稽核的實施

（一）申請

要求船舶保全初次稽核驗證和保持 ISSC 證書有效性稽核的公司和（或）其所屬船舶，應向主管機關或其認可的保全組織提出書面申請。

（二）實施

1. 船舶保全稽核，無論是初次、中期和換證稽核，均應在船舶正常營運條件下進行，並應處於安全配額證書滿員狀態。

2. 稽核員在收集和驗證公司提供的船舶保全計畫的執行情況，包括對任何船舶保全設備的配備和狀態的檢驗，稽核主要通過面談、審查資料和演練及訓練佐證內容，並以現場檢查為主要方式。

3. ISPS 規則的初次、中期和換證審核可結合 ISM 規則的審核同時進行。

（三）稽核報告

1. 稽核完成後，稽核員依據所搜集的資料、船舶符合經批准保全計畫的情況以及符合 ISPS 規則的實施的客觀證據撰寫稽核報告。

2. 稽核報告應提交公司，公司應將相關稽核報告的副本提供給船舶備查。

3. 公司與船舶應保持所有保全稽核報告的記錄，保存期限與證書的有效期相同，至少為 5 年。

參考文獻 REFERENCES

一、中文部分

1. 蔡朝祿,「船舶保全」,教育部,臺北,(2017)。

2. 蔣克雄,「船舶保全意識與職責」,翠柏林企業股份有限公司,高雄,(2020)。

3. 蔡朝祿,「船舶保全」,翠柏林企業股份有限公司,高雄,(2013)。

4. 國立高雄海洋科技大學,「船舶保全人員講義」,船訓中心教材彙編,(2009)。

5. 台北海洋科技大學,「保全職責訓練教材」,船訓中心彙編,(2009)。

6. 國立臺灣海洋大學,「船舶保全人員訓練教材」,航海人員訓練中心教材彙編,(2008)。

二、網站資料

1. UK P&I 網站 https://www.ukpandi.com/-/media/files/imports/13108/bulletins/6266---ship-security-web.pdf

MEMO:

MEMO:

國家圖書館出版品預行編目資料

船舶保全人員/謝忠良, 張在欣, 陳安國, 劉達生編著.
-- 初版. -- 新北市：新文京開發出版股份有限公司,
2023.05
　　面；　公分

ISBN　978-986-430-923-8（平裝）

1. CST：海事安全合作　2. CST:航運管理
3. CST：保全

557.49　　　　　　　　　　　　　　112006133

船舶保全人員　　　　　　　　　　（書號：HT56）

編 著 者	謝忠良　張在欣　陳安國　劉達生
出 版 者	新文京開發出版股份有限公司
地 　 址	新北市中和區中山路二段 362 號 9 樓
電 　 話	(02) 2244-8188（代表號）
Ｆ 　 Ａ 　 Ｘ	(02) 2244-8189
郵 　 撥	1958730-2
初 　 版	西元 2023 年 05 月 15 日

有著作權　不准翻印　　　　　　建議售價：290 元
法律顧問：蕭雄淋律師
ISBN　978-986-430-923-8

New Wun Ching Developmental Publishing Co., Ltd.

New Age · New Choice · The Best Selected Educational Publications — NEW WCDP

新文京開發出版股份有限公司

新世紀・新視野・新文京 — 精選教科書・考試用書・專業參考書